中华传统食材丛书

总主编　魏兆军　陈寿宏

传统食品添加剂卷

主　编　陈　伟　姚　丽

编　委　蔡　芬　李鑫妮　吴　倩

国家出版基金项目
NATIONAL PUBLICATION FOUNDATION

合肥工业大学出版社

图书在版编目（CIP）数据

中华传统食材丛书.传统食品添加剂卷／陈伟，姚丽主编.—合肥：合肥工业大学出版社，2022.8

ISBN 978-7-5650-5130-2

Ⅰ.①中…　Ⅱ.①陈…　②姚…　Ⅲ.①烹饪—原料—介绍—中国
Ⅳ.①TS972.111

中国版本图书馆CIP数据核字（2022）第157757号

中华传统食材丛书·传统食品添加剂卷

ZHONGHUA CHUANTONG SHICAI CONGSHU CHUANTONG SHIPIN TIANJIAJI JUAN

陈　伟　姚　丽　主编

项目负责人	王　磊　陆向军
责任编辑	刘　露
责任印制	程玉平　张　芹
出　　版	合肥工业大学出版社
地　　址	（230009）合肥市屯溪路193号
网　　址	www.hfutpress.com.cn
电　　话	理工图书出版中心：0551-62903004 营销与储运管理中心：0551-62903198
开　　本	710毫米×1010毫米　1/16
印　　张	17.75　　**字　数**　247千字
版　　次	2022年8月第1版
印　　次	2022年8月第1次印刷
印　　刷	安徽联众印刷有限公司
发　　行	全国新华书店
书　　号	ISBN 978-7-5650-5130-2
定　　价	159.00元

如果有影响阅读的印装质量问题，请与出版社营销与储运管理中心联系调换。

总序

健康是促进人类全面发展的必然要求，《“健康中国2030”规划纲要》中提出，实现国民健康长寿，是国家富强、民族振兴的重要标志，也是全国各族人民的共同愿望。世界卫生组织（WHO）评估表明膳食营养因素对健康的作用大于医疗因素。“民以食为天”，当前，为了满足人民日益增长的美好生活的需求，对食品的美味、营养、健康、方便提出了更高的要求。

中国传统饮食文化博大精深。从上古时期的充饥果腹，到如今的五味调和；从简单的填塞入口，到复杂的品味尝鲜；从简陋的捧土为皿，到精美的餐具食器；从烟火街巷的夜市小吃，到钟鸣鼎食的珍馐奇馔；从“下火上水即为烹饪”，到“拌、腌、卤、炒、熘、烧、焖、蒸、烤、煎、炸、炖、煮、煲、烩”十五种技法以及“鲁、川、粤、徽、浙、闽、苏、湘”八大菜系的选材、配方和技艺，在浩渺的时空中穿梭、演变、再生，形成了绵长而丰富的中华传统饮食文化。中华传统食品既要传承又要创新，在传承的基础上创新，在创新的基础上发展，实现未来食品的多元化和可持续发展。

中华传统饮食文化体现了“大食物观”的核心——食材多元化，肉、蛋、禽、奶、鱼、菜、果、菌、茶等是食物；酒也是食物。中国人讲究“靠山吃山、靠海吃海”，这不仅是一种因地制宜的变通，更是顺应自然的中国式生存之道。中华大地幅员辽阔、地大物博，拥有世界上最多样的地理环境，高原、山林、湖泊、海岸，这种巨大的地理跨度形成了丰富的物种库，潜在食物资源位居世界前列。

“中华传统食材丛书”定位科普性，注重中华传统食材的科学性和文化性。丛书共分为30卷，分别为《药食同源卷》《主粮卷》《杂粮卷》《油脂卷》《蔬菜卷》《野菜卷（上册）》《野菜卷（下册）》《瓜茄卷》《豆荚芽菜卷》《籽实卷》《热带水果卷》《温寒带水果卷》《野果卷》《干坚果卷》《菌藻卷》《参草卷》《滋补卷》《花卉卷》《蛋乳卷》《海洋鱼卷》《淡水鱼卷》《虾蟹卷》《软体动物卷》《昆虫卷》《家禽卷》《家畜卷》《茶叶卷》《酒品卷》《调味品卷》《传统食品添加剂卷》。丛书共收录了食材类目944种，历代食材相关诗歌、谚语、民谣900多首，传说故事或延伸阅读900余则，相关图片近3000幅。丛书的编者团队汇聚了来自食品科学、营养学、中药学、动物学、植物学、农学、文学等多个学科的学者专家。每种食材从物种本源、营养及成分、食材功能、烹饪与加工、食用注意、传说故事或延伸阅读等诸多方面进行介绍。编者团队耗时多年，参阅大量经、史、医书、药典、农书、文学作品等，记录了大量尚未见经传、流散于民间的诗歌、谚语、歌谣、楹联、传说故事等。丛书在文献资料整理、文化创作等方面具有高度的创新性、思想性和学术性，并具有重要的社会价值、文化价值、科学价值和出版价值。

对中华传统食材的传承和创新是该丛书的重要特点。一方面，丛书对中国传统食材及文化进行了系统、全面、细致的收集、总结和宣传；另一方面，在传承的基础上，注重食材的营养、加工等方面的科学知识的宣传。相信“中华传统食材丛书”的出版发行，将对实现“健康中国”的战略目标具有重要的推动作用；为实现“大食物观”的多元化食材和扩展食物来源提供参考；同时，也必将进一步坚定中华民族的文化自信，推动社会主义文化的繁荣兴盛。

人间烟火气，最抚凡人心。开卷有益，让米面粮油、畜禽肉蛋、陆海水产、蔬菜瓜果、花卉菌藻携豆乳、茶酒醋调等中华传统食材一起来保障人民的健康！

中国工程院院士

2022年8月

序

在我国，大多数民众对于食品添加剂并不熟悉，再加上社会上不时出现的食品安全事件，使得他们对食品添加剂都或多或少带有一定的偏见，往往“谈食品添加剂而色变”，认为添加了食品添加剂的食品便是问题食品。这一现象产生的原因是混淆了非法添加物和食品添加剂的概念，把一些非法添加物的危害扣到了食品添加剂的头上，这显然是不公平的。事实上，我们的生活中处处离不开食品添加剂。

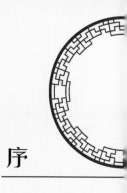

根据《中华人民共和国食品安全法》（2009年）的规定，食品添加剂是为改善食品品质和色、香、味，以及为防腐和加工工艺的需要而加入食品中的化学合成物质或者天然物质。食品添加剂大大促进了食品工业的发展，它被誉为现代食品工业的“灵魂”，这主要是因为它给食品加工带来许多好处。目前，我国的食品添加剂有23个类别、2000多个品种，包括酸度调节剂、抗结剂、消泡剂、抗氧化剂、漂白剂、膨松剂、着色剂、护色剂、酶制剂、增味剂、营养强化剂、防腐剂、甜味剂、增稠剂、香料等。本书主要对传统食品添加剂即天然食品添加剂进行介绍，在科普食品添加剂作用的同时，也提醒读者，日常生活中我们用到的多种物质其实就起着食品添加剂的作用。具体而言，本书涉及的添加剂有42种，包括红曲色素、甜菜红、辣椒红色素、红花黄色素、叶绿素、花青素等着色剂，明胶、槐豆胶、鱼鳔胶、卡拉胶、黄原胶、魔芋胶、果胶、凉粉草等增稠剂，柠檬酸、叶酸、苹果酸、植酸、乳酸等调节剂，以及一些抗氧化剂、护色剂等。

针对每种食品添加剂，本书从其物种本源、主要成分、食材功能、加工及使用方法、食用注意，以及与其相关的传说故事等方面进行了介绍。

物种本源主要从其来源、色泽、味道、溶解度、溶解性、特殊反应等方面展开论述。

主要成分是介绍组成该食品添加剂的主要化学成分。

食材功能主要包括食用功能、医学作用等。食用功能即其作为食品添加剂所发挥的作用，大多时候，一种食品添加剂拥有多种功能。例如明胶，它的功能就比较丰富，既是胶凝剂、稳定剂，又是乳化剂、增稠剂、发泡剂、澄清剂等。我们知道，药食同源，大多数食品添加剂或多或少有着一些药用价值，例如亚硝酸钠，常用作护色剂、防腐剂以及鲜味剂。其实除此之外，它还常用于解毒，能够用于治疗氰化物中毒。此外，还有一些食品添加剂有着工业用途，如小苏打，不仅可用作膨松剂，还有良好的清洁作用，可用来软化水质。

加工方法主要是人工制备这些食品添加剂用到的方法，大多是一些化学合成、物理提取的方法。使用方法主要是介绍其作为食品添加剂以及在其他方面发挥功能作用的过程中的具体使用细节，有利于帮助读者在生活中利用常见的食物来发挥其不同的作用。

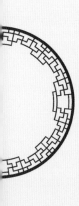

老话常说，月满则亏，物极必反，食品添加剂的使用尤其如此。适量的添加能够发挥其作为一种辅助剂的作用；但如果使用量不当，轻则会影响食品口感、性状，重则会威胁人体健康。如卡拉胶，适量使用可以促进人体肠道蠕动，帮助消化，但是过量使用则会影响人体对健康物质等营养的吸收。所以，本书的食用注意事项部分主要介绍各食品添加剂的使用限量、最适使用条件等。

此外，为了突出传统食品添加剂的历史底蕴，本书在介绍每种食品添加剂的开篇，就用与该添加剂相关的古诗词、民谣等引出该部分内容，增添了古风古韵；同时在部分内容的最后，还介绍了与之相关的传说故事，这无疑给本书增添了趣味性。

本书以充满活力的方式，向读者介绍了食品添加剂在日常生活中的作用，并配有相应的图片，不仅吸引读者阅读，更有助于读者理解每种食品添加剂的具体作用。通过本书的介绍，希望读者能够对食品添加剂有正确的、全新的认识，从而改变“谈食品添加剂而色变”的现状。

江南大学张晓鸣教授审阅了本书，并提出宝贵的修改意见，在此表示衷心的感谢。

编　者

2022年7月

目录

红曲色素 001
甜菜红 007
辣椒红色素 013
红花黄色素 019
叶绿素 025
花青素 031
明　胶 039
槐豆胶 046
鱼鳔胶 053
卡拉胶 061
黄原胶 067
魔芋胶 073
果　胶 080
凉粉草 086
银杏叶 091
迷迭香 097
柠檬酸 103
叶　酸 111
苹果酸 118
植　酸 126
乳　酸 132
亚硝酸钠 138
小苏打 144
漂白粉 149
活性炭 155
甲壳素 162
茶多酚 169
薄荷油 176
大豆分离蛋白 182
蜂　蜡 190
石　蜡 196
琼　脂 202
甘　油 208
石　膏 214
卤　水 221
明　矾 227
铝明矾 235
酒　石 241
酵　母 246
毛霉菌 252
老　面 257
酒　曲 263
参考文献 269

红曲色素

客里有所过，归来知路难。
开门野鼠走，散帙壁鱼干。
洗杓开新醖，低头拭小盘。
凭谁给麴蘖，细酌老江干。

——《归来》（唐）杜甫

一、物种本源

名称

红曲色素（Monascus pigment），又名红曲红。

来源及分布

红曲色素的原材料——红曲，是曲霉科真菌红曲霉的菌丝体在粳米上寄生而成的红曲米的主要有效成分，这种红曲米广泛分布于广东、河北、江西、台湾、浙江、福建等地。

红曲色素是我国传统食品中常用的一种天然红色食用色素，由红曲霉菌属的丝状真菌经发酵而成。红曲色素通常形态为红色或暗红色液体，且液体带有一定程度的臭味，但不带有任何的毒性。

其他特征

红曲色素易溶于乙醇、乙醚等液体中，但难溶于水。红曲色素性质较为稳定，对酸碱度的变化适应力较强，而且在强光及高温环境下也不易发生化学反应。

红曲粉

二、主要成分

红曲色素是一种含有多种色素成分的复合色素。在已确定结构的六种成分中，红色色素主要为梦那玉红（化学式为$C_{23}H_{26}O_5$）以及潘红（化学式为$C_{21}H_{22}O_5$），黄色色素为梦那红（化学式为$C_{21}H_{26}O_5$）以及安卡黄素（化学式为$C_{23}H_{30}O_5$），紫色色素为梦那玉红胺（化学式为$C_{23}H_{27}NO_4$）和潘红胺（化学式为$C_{21}H_{23}NO_4$）。

三、食材功能

食用功能

（1）着色剂

红曲色素作为一种天然色素，常用于传统红色食物的加工。

（2）防腐剂

红曲色素也常被用作防腐剂。它对于金黄色葡萄球菌以及枯草芽孢杆菌等菌类的抑制效果比较强，它对大肠杆菌以及灰色链霉菌等菌类的抑制作用较小，而对啤酒酵母、霉菌等则完全没有抑制作用。因此在制作肉类加工制品时，常向其中加入一定量的红曲色素以达到防腐保鲜的目的。

红曲蛋糕

医学作用

《本草纲目》记载，红曲可以促进血液循环，干燥脾胃，并可以治愈腹泻以及女性血气痛及产后恶血不尽等。

现代医学研究表明，红曲色素有降低血糖等作用。另外，红曲色素还可以有效降低血脂、预防高血压。

四、加工及使用方法

加工

在传统方法中，提取红曲色素的主要原料为红曲米。随着科技的进步，我国已能利用先进的现代生物发酵技术来生产红曲色素，在这个过程中，生产的红曲色素的质量以及产出率都得到了进一步的提高。

（1）传统方法：该方法是以大米、大豆作为主要原料发酵制成天然红曲色素，也称作固体发酵工艺。即在水溶性固态基质中，保持一定的温度环境且几乎不含有任何自由水的条件下，通过一种或者多种微生物进行发酵而成。这种方法具有制备简单、成本较低、工艺便于操作、所需生长环境比较容易控制等特点，但是由于其产出率较低、制作周期较长，所以只能用于小型生产，不适用于现代化大规模生产。

（2）液体深层发酵法：在密闭反应容器中，人工仿照自然界环境，以菌种生长过程中必需的营养物质为培养基，在深度灭菌后人工加入菌

红曲米

种，使无菌空气缓慢进入其中并轻微搅拌。同时配合适宜的外部条件，使菌种得到充分生长，进行大量繁殖。这种方法现代化程度高，且产出率较高。

使用方法

（1）红曲色素可用于肉制品加工，可以赋予加工后的肉制品特有的肉红色，在很大程度上提高其感官性能且不会影响其保质期。

（2）红曲色素可用于制作传统美食——红曲酒，红曲酒具有味道香醇、香味沁人的独特风味。

（3）红曲色素可用于制作红曲面包，改善面包的香味和色泽。

（4）制作传统酱菜时，加入一定量的红曲色素可以使酱腌菜的色泽更为诱人。

（5）红曲复合菌种也可以用于酿造酱油，使得酱油鲜艳红润、口感鲜甜。

五、食用注意

《食品安全国家标准　食品添加剂使用标准》（GB 2760—2014）中规定：

（1）红曲色素在生产调制乳、调制炼乳、果酱、腌渍的蔬菜、糖果、蔬菜泥、方便米面制品、熟肉制品、饼干以及腐乳类食品时，可根据生产实际需要适量使用。

（2）红曲色素用于生产糕点时，可添加的最大量为0.9克/千克。

（3）红曲色素用于生产风味发酵乳时，可添加的最大量为0.8克/千克。

（4）红曲色素用于生产焙烤食品馅料及表面用挂浆时，可添加的最大量为0.9克/千克。

传说故事

在很久很久以前，人们安居乐业、自给自足，过着太平安乐的生活。有一座美丽的山叫作碧溪山，碧溪山旁坐落着一个美丽的小村庄。小村庄里有一位教书的秀才，秀才在读书教学之余喜欢游山玩水。他时常登上碧溪山，在山顶处眺望远方，放松身心。他贤惠的妻子担心他在路途中会饿，于是特意为他准备米饭，以供饥饿难耐时食用。

有一次，他上山时采到许多美味的野果，填饱肚子后，将饭囊遗忘在一个向阳的山洞里。几个月后，当秀才再次来到这个山洞时，他发现米饭变得微红，不但没有发霉，而且散发着一股浓浓的从来没有闻过的香味。

秀才觉得很新奇，就将发红的米饭带回家中给妻子看，聪慧的妻子也大感吃惊。她善于做馒头，从面粉的发酵想到米饭的发酵，便产生了一个试验的念头。妻子蒸了一桶米饭，烧了一锅水，凉了以后一起倒入缸中，再将那个饭囊里的米饭均匀地拌入其中，将其密封。果然，缸中的米饭开始发酵，颜色逐渐变红，一股香气扑鼻而来，一个月后，就渗出清红透亮的红酒来。

功夫不负有心人，他们夫妻俩发明了制造红曲、米酒的原始技术，并传给了后代。从此，人们不仅喝上了米酒，而且逐渐懂得了红曲的制作方法、药用价值，从而形成了富有特色的民间文化。

甜菜红

世间万物尽繁荣，今日初知甜菜红。
亦药亦蔬诚可贵，抗酸抗氧效无穷。

——《甜菜红》（现代）王庆新

一、物种本源

名称

甜菜红（Beetroot red），又名甜菜根红。

形态特征

甜菜红是通过一系列步骤所获得的天然色素，甜菜红正常情况下为红紫色至深紫色的液体，块状、粉末状或糊状物，弥漫着一股异臭。

其他特征

甜菜红易溶于水溶液，基本不溶于无水乙醇、丙二醇和乙酸，不溶于乙醚、丙酮、氯仿、苯、甘油和油脂等有机溶剂。甜菜红的稳定性与其水分活性相关，通常含水量低的甜菜红的稳定性高。抗坏血酸对甜菜红具有一定的保护作用。

甜　菜

二、主要成分

甜菜红主要由黄色的甜菜黄素和红色的甜菜花青组成，其中红色的甜菜花青中75%～95%为甜菜红苷，剩下的主要为黄色的甜菜黄素、异甜菜苷、前甜菜红苷、异前甜菜苷以及甜菜红的降解产物等。

甜菜红

三、食材功能

食用功能

（1）着色剂

甜菜红可以作为食品的着色剂，这是由于甜菜红自身的颜色亮丽鲜艳，而且甜菜红的色素分布十分均匀，在食品着色时可以模仿食物本身的天然色泽。

（2）清除剂

甜菜红中含有大量的抗氧化因子，因此可以在制作肉制品时加入甜菜红充当清除剂，以降低肉制品中的亚硝酸盐含量。

（3）营养强化剂

由于甜菜红自身含有十分丰富的营养物质，如维生素B_1、维生素B_2、维生素B_6、维生素P、维生素E、烟酸以及钙、钾、磷、钠、碘等，因此甜菜红可以充当营养强化剂，有一定的医疗保健功能。

医学作用

（1）助消化

甜菜红中有大量的纤维素，而纤维素有利于人体肠道蠕动，从而促进和加强人体对于食物的消化和吸收。

（2）降血压

甜菜红中含有一定量的硝酸盐，而硝酸盐在人体内通过一系列反应生成一氧化氮，它可以扩张血管并且增加血液流量，达到降低血压的效果。

四、加工及使用方法

加 工

由于甜菜红具有水溶性的特质，因此提取甜菜红的方法大多采用溶剂提取法，这也是提取方法中最传统的方法之一。其提取步骤包括热烫、切丝、浸提、压榨和浓缩。传统的提取方法虽然简单快捷且提取率高，但会导致甜菜红色素中残留有机试剂。为解决这一问题，目前会采取高压脉冲电场技术、微波提取和超声波辅助提取等方法。

使用方法

先将甜菜红溶解于弱酸性水中，在后续食品制作中可以按照实际需要量来进行添加。例如：

（1）在制作香肠时可以加入一定量的甜菜红，从而减少壳聚糖的用量，甜菜红可以有效清除香肠中的亚硝酸盐并且充当香肠的着色剂。

甜菜红粉末

（2）通常甜菜红在一些常温产品中充当着色剂，如糖果、糕点、罐头、酸奶等；但甜菜红的耐热性差，这对于需要高温加工的食品并不适用。

五、食用注意

（1）甜菜红的使用剂量需要严格按照有关食品添加剂使用国家标准的规定，不同食品所允许添加的剂量各不相同。

（2）甜菜红的耐热性差，不适用于需要高温加工的食品，在冷冻食品中用途较为广泛。

（3）食品中含水量高则会导致甜菜红的稳定性降低，因此甜菜红不适用于汽水、果汁等饮料产品中，对于固体食品则可以充当良好的着色剂。

传说故事

传说古时四川青城山有一名姓奚的员外，家有四口，老大乃前妻所生，老二为后妻所养。后妻心狠手辣，费尽心思要除掉前妻的这个大儿子，动不动就打骂，时常暗中加害，对亲生儿子却异常娇宠。

员外看在眼里，疼在心里，不久病倒了，过些时日便一命呜呼了！从此，长子孤苦伶仃，吃的是残汤剩饭，穿的是破衣烂裤，还要放猪、割草、推磨、打水，终日劳累，瘦得皮包骨头。后妻巴不得他快快死去，好让她独吞财产，再去嫁人。

光阴飞逝，长子已经十五岁了。他饥寒不叫苦，挨打不落泪，咬着牙过日子。后妻想：鸟儿大了要飞，刺儿长了变硬，不趁早收拾这小子，往后就难办了。她想了三天三夜，想出一个绝招来。

一年正月，天气十分寒冷，后妻把两个儿子叫到身边来，吩咐道："现在正是种甜菜的好时候，我给你们兄弟俩准备了甜菜种子和干粮，你们上山去种甜菜，等到甜菜出齐苗才能回家。否则，永远不要回来了。"说完，她将一包用热水浸过的甜菜种子递给长子，而没浸过热水的甜菜种子则递给自己的亲生儿子。她以为热水浸过的菜种不会发芽。谁料甜菜种子经过热水浸泡后出苗更快，生长力更强，长子的甜菜发出一棵棵嫩芽。见种子发芽破土，很快便健康回到家中。次子种的却没出来一棵甜菜苗。哥哥回家了，一向娇生惯养的弟弟在地里苦熬了好几天，没有等到母亲找到他，就又气又饿地死在山里。

辣椒红色素

团坐绳床莫我嫌，肺肝倾吐漫谦谦。
为儿择日开关锁，阿母求神付吉签。
新蚁芬芳初浸面，子鸡和淡薄楂盐。
不奇桂辣椒辛味，知是吴民性喜甜。

——《田家杂咏十二首（其三）》

（清）王季珠

一、物种本源

辣椒红油

名称

辣椒红色素（Capsanthin），又名辣椒红、辣椒油树脂。

来源及分布

在中国，辣椒红色素的产地分布很广，拥有着丰富的提取辣椒红色素的原料。

形态特征

辣椒红色素形态为液体，主要呈橙红或深红色，带有独特的辣椒香味，但味觉上是不辣的。

其他特征

辣椒红色素是一种营养强化剂且有着强着色力，可通过稀释来获得从浅黄到橙红等不同色调。它易溶于油脂和乙醇，不溶于水；并且它的乳化分散性也是极好的，在高温、高酸碱性的环境中，依旧稳定。当辣椒红色素遇到铁、铜等金属离子时，会发生褪色反应，而遇到铅离子则会有沉淀产生。

二、主要成分

辣椒红色素的主要着色成分是辣椒红素和辣椒玉红素，属类胡萝卜素，占总量的50%~60%。辣椒红色素的主要成分中，脂肪酸的含量为80%~85%，它主要由亚油酸、硬脂酸、油酸、肉豆蔻酸、棕榈酸组成；

维生素E的含量为0.6%～1.0%；维生素C的含量为0.2%～1.1%。

三、食材功能

食用功能

（1）稳定剂

辣椒红色素一般是从成熟辣椒中提取的。在它被提取前，它以脂类的形态存在于细胞组织中，这是细胞膜和某些成分对它的一种保护，使它不受光和热的过多影响，从而能够在不同环境中依旧可以保持色素原本的色泽，这是辣椒红色素成为稳定剂的主要原因。

红辣椒

（2）着色剂

辣椒红色素的色泽度非常饱满，颜色非常鲜艳，而且食品被它着色以后，持久度很高，不易掉色，甚至还可以延长食品的保质期。这些都很好地表明了辣椒红色素是一种优质的天然着色剂。

医学作用

辣椒红色素广泛应用在生活的各个方面，在医学方面的作用更是随处可见，例如不同种药丸采用不同颜色包装以及各种液体状药物的不同显色。药物的特殊性在于其主要功能是治病，与人们的健康关系密切，所以给药物着色的要求十分严格，即着色剂不能破坏药效，不能对人体产生不好的影响。经过着色的药物颜色更加多变且好看，对于婴幼儿等人群，着色处理后的药片更易被接受。

另外，血栓的形成与人体中某种低密度脂蛋白的含量相关，而辣椒红色素中的一种成分β-胡萝卜素则可以防止这种有害低密度脂蛋白的形成，由此便可有效地预防一些疾病的发生。

四、加工及使用方法

加工

辣椒红色素的提取过程：原料可以是辣椒油或者辣椒粉，萃取剂为乙醇，完成萃取操作后，提取出的溶质就是辣椒油树脂，属于油溶性初制品；然后选取一种溶剂，对辣椒色素不溶，但可以很好地溶解辣椒红色素，这样就可以去除辣椒色素；接着对得到的溶液进行浓缩，就可获得辣椒红色素。

使用方法

（1）辣椒红色素广泛应用在食品的着色方面，例如肉制品、水产品、罐头等。除此之外，它还可以延长食品的保质期。

（2）辣椒红色素是一种天然的食品添加剂，可以加在蛋黄等食物中，使其颜色更为鲜艳好看。

辣椒粉

（3）辣椒红色素可以作为饲料添加剂，用于生产饲料。

（4）制作化妆品时可以添加辣椒红色素，因为它是天然色素，所以更为安全健康。

五、食用注意

患有慢性胃溃疡、慢性肠胃疾病者，慎食含有辣椒红色素的食品。

传说故事

辣椒红色素在古时候并不为人所知，人们只认识辣椒。辣椒的红彤彤在古人眼里象征了吉祥如意，每家每户的屋檐下总会挂满一串串红辣椒。

在宋代时候，有一个十分有趣的传说。相传大文学家苏轼在四川乐山的凌云山东坡楼设馆讲学。苏学士的文学水平就连东海龙王都有所耳闻。东海龙王便派三太子来到凌云山向苏学士求学。一晃三年过去了，三太子学成归来，龙王十分感激苏学士，邀请他来龙宫做客。在酒席上，有一道菜引起了苏轼的注意，这道菜由一种色如红玉、形状尖长、偶有清香并带有辣味的食材制作而成。于是苏轼便向龙王询问这是何菜。龙王答曰："辣椒。"宴罢，苏轼向龙王讨要了辣椒种，向龙王借了块地种辣椒，并与龙王相约，打五更便归还土地。苏轼回去后，为了保住辣椒地，便吩咐下人以后每夜打更皆不打五更。龙王果然没有再来讨要，于是辣椒便流传了下来。因辣椒得自东海，人们又称之为"海椒"。而从此以后乐山城也就不打五更了。

然而，经研究发现，明神宗万历十九年（1591年）问世的《遵生八笺》中记述："番椒,丛生花白，子俨秃笔头，味辣色红，甚可观，子种。"这是对辣椒的第一次明文记载，而且辣椒最开始叫"番椒"。"辣椒"这个名称最早见于汤显祖的《牡丹亭》，此剧在"冥判"一出中列举38种花卉的雅号，其中就提到了"辣椒"。故而后世人猜想，苏轼当时种的应该不是辣椒，可能是茱萸。

红花黄色素

红花活血味辛温，火焙还教用酒喷。
遍体疮疡苗可捣，天行痘疹子须吞。
宣通枯闭经中滞，救转空虚产后昏。
记取当归常共用，不愁燥粪结肛门。

——《本草诗》（清）赵瑾叔

一、物种本源

名称

红花黄色素（Saffower Yellower），又名红花黄。

红　花

来源及分布

红花主要分布在我国新疆、云南、四川、河南、湖南、西藏、甘肃等地。

形态特征

红花黄色素是一种黄色或棕黄色的粉末，是从红花的花瓣中提取出来的天然色素。

其他特征

红花黄色素易溶于水和酒精，不溶于油脂。它在弱酸性条件下很稳定，不易被分解；但在碱性条件下易于分解，并发生颜色的变化，通常是黄橙色。红花黄色素的毒性极低，安全性极佳，在红花中的含量在20%以上。

二、主要成分

红花黄色素由羟基红花黄色素A、红花黄色素A、槲皮素-7-葡萄糖苷、红花黄色素B、山柰酚、红花黄色素C、槲皮素、山柰酚-3-芸香糖苷、槲皮素-3-葡萄糖苷、山柰酚-3-葡萄糖苷等化学成分组成，其中羟基红花黄色素A是其主要成分。

三、食材功能

食用功能

红花黄色素是由多种水溶性黄酮类化合物的葡萄糖苷组成的，查尔酮类化合物骨架结构是其主要的发色基团，这种结构不仅拥有与芳环共轭的羰基、双键，还拥有多个亲核性的羟基。这些结构使得红花黄色素呈现黄色外观，还能形成稳定的螯合物，因此常被用作食用色素。

医学作用

（1）心肌保护作用

红花黄色素能明显降低丙二醛生成的量，人体内的超氧化物歧化酶的活性也会因此得到明显提高。除此之外，红花黄色素可以显著地扩张冠状动脉，从而改善人体的心肌供血不足。

（2）降血压、抑制血栓生成

红花黄色素、红花黄色素Ⅱ和红花黄色素Ⅲ能够使外周血循环障碍得到明显改善，它们对血液流动速度、血细胞聚集程度以及血管平滑肌细胞增殖能力有显著影响。

（3）抗衰老

红花黄色素水溶液能有效清除多余的自由基，并抑制脂质的过氧化，从而达到抗衰老的目的。

（4）镇痛作用

红花黄色素具有效力强且持久的镇痛作用，在治疗热刺痛和化学性刺激方面都有十分显著的效果。

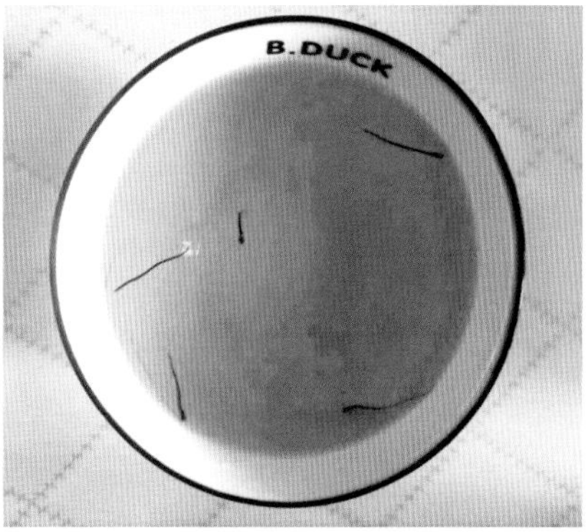

红花黄色素溶液

四、加工及使用方法

加工

(1) 传统加工办法：红花黄色素的传统加工办法是先用水提取，再用有机溶剂沉淀，然而这种方法所得到的产品精度不高。

(2) 吸附树脂法：使用大孔吸附树脂是一种新兴的加工方法，它利用了吸附树脂吸附能力强、选择性高、速度快、可重复利用的优点，是效率高、成本低的新型方法。

红花黄色素

使用方法

(1) 红花黄色素在饮料、酒水类以及保健食品的着色中应用广泛，因为它是天然性食用色素，其安全性已得到认可。

(2) 红花黄色素适宜用于酸性食品的着色加工，其效果非常好。

五、食用注意

(1) 红花黄色素可用于部分食品的加工，规定限量（克/千克）如下：制作糕点时限量为0.2，制作冷冻饮品时限量为0.5，制作水果罐头时限量为0.2，制作蜜饯凉果时限量为0.2，制作装饰性果蔬时限量为0.2。

(2) 红花黄色素不能用于新鲜肉类、鲜鱼贝类、茶类、豆类等食品中。

传说故事

传说在一个山脚下，住着一个小伙子。这个小伙子从小父母双亡，是吃百家饭长大的。小伙子为此心怀感激，时常去山上采药为村民治病，但不收一文钱。

小伙子用自己采来的草药救活了许多村民。有很多有钱有势的人慕名而来，想花大价钱请小伙子看病。小伙子不屈服于金钱，一心只想帮助没钱求医的穷人。久而久之，穷人们都叫他“活菩萨”。

有一天，小伙子跑到山上去采药，当他走到山坡上时，忽遇大雨，情急之下他匆忙跑到一个山洞里去避雨。没过不久，洞口忽然出现了一只梅花鹿。小鹿腿上带着伤，望着小伙子流着泪，样子十分可怜。小伙子走出了洞口，让受了伤的小鹿进洞避雨，并且仔细地为它上了药。

大雨下个不停，闲暇之余，小伙子看着洞外，望着山顶想起老人们的传说：在最高的那座山上，长着一种药材，专治骨折外伤。他不禁想变作一只鸟飞上山顶去采药，不由长长地叹了一口气。“好心的小伙子，为啥叹气呢？”小伙子回头望去，并没有人，只有小鹿睁着湿漉漉的眼睛望着他。

他刚想往回走，就听见小鹿开口说：“金山银山万宝山，山上宝贝样样全，好心的小伙子你想要点什么？”

小伙子回答：“我不要金也不要银，只要药材治病人。”

小鹿听了之后，张口吐出一颗红色的豆子说：“六月六那天你把这个种在山脚下，等它长了蔓，你抓着豆蔓儿就能上山尖。”小伙子拿着红豆子看了一会儿，抬头一看，小鹿不见了。雨虽然一直下着，但他心里感到十分兴奋。

小伙子捧着红豆子回家，等到六月六那天，天刚泛白，他就来到山脚下，把红豆子种了下去，转眼之间就出芽长蔓。他顺着藤蔓直往上爬，一顿饭的工夫就爬上了山顶。

这山顶真是五颜六色，十分耀眼。金山银山宝石山，金花银花珍珠花。可小伙子不拣金银，只采了一棵红叶、红根、红色花的药草就顺着藤蔓下山了。

他回到家后，把这棵药草种在自己的药园里，经过多年的培育，不知用它治好了多少病人、造福了多少百姓。这种草药，就是我们流传至今的红花。

叶绿素

绿叶红花媚晓烟。黄蜂金蕊欲披莲。水风深处懒回船。
可惜异香珠箔外，不辞清唱玉尊前。使星归觐九重天。

——《浣溪沙·绿叶红花媚晓烟》（宋）晏殊

一、物种本源

形态特征

叶绿素（Chlorophyll）是一类与光合作用相关的非常重要的含脂绿色色素，它能从光照中吸收能量，从而在二氧化碳转化成碳水化合物的过程中提供动力。

其他特征

在所有能进行光合作用生物的类囊体膜中都能发现叶绿素，包括绿色植物、原核蓝细菌、蓝细菌和真核藻类。叶绿素不溶于水，但可溶于丙酮、乙醚、氯仿和乙醇等有机溶剂。叶绿素的性质不是很稳定，在强光、强酸、强碱、氧化等环境下都会发生一定程度的分解。

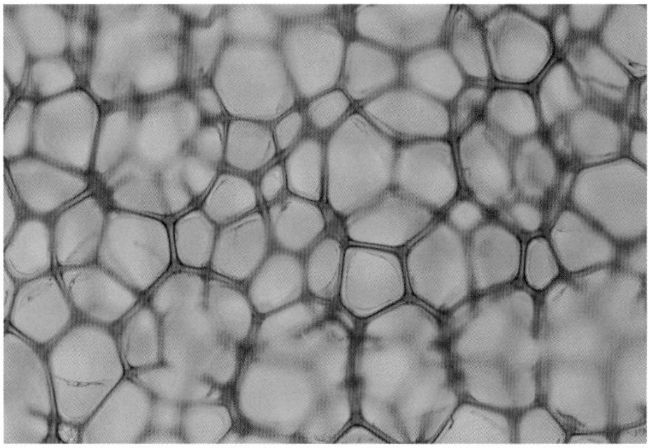

植物细胞中的叶绿素

二、主要成分

叶绿素是一种镁卟啉化合物，可分为7类：叶绿素a、叶绿素b、叶绿素c、叶绿素d、叶绿素f、细菌叶绿素和原叶绿素。不同类型的叶绿素的化学结构差别不大。其中，高等植物中的叶绿素a和叶绿素b分布相对广泛。

叶绿素分子由两部分组成，核心部分是含有单个镁原子的卟啉环，另一部分是叶绿醇（植物醇）。

叶绿素粉末

三、食材功能

食用功能

因为叶绿素本身带有较深的颜色，故在食品加工时常被用作食品天然着色剂来改善食品品质。

医学作用

（1）补血

叶绿素的分子结构同血红蛋白的分子结构十分相似，叶绿素分子的核心为镁原子，血红蛋白分子的核心为铁原子。若反应过程中有铁原子的参与，叶绿素便可以促进人体血红蛋白的转化，从而达到补血的效果。

（2）清除异味

叶绿素分子可以有效降低代谢过程中产生的臭味硫化物，从而起到除臭的效果，它对腋臭、消化不良引起的口臭以及脚臭等都有很好的抑制效果。

（3）帮助清除余毒

叶绿素作为一种天然的解毒剂，可以与食品中过量的防腐剂、香精等添加剂发生反应完成代谢，最后将其排至体外。除此之外，叶绿素还可以与辐射性物质结合，起到净化血液的作用。

（4）加速愈合伤口

叶绿素对伤口的愈合以及伤口肉芽重新生长有显著的促进作用。同时，叶绿素进入胃部后，可以保护胃黏膜，用于治疗慢性胃炎以及胃溃疡。

四、加工及使用方法

叶绿素添加剂

加工

（1）生物合成法

生物合成法是生产叶绿素a的主要方法，其原理是由琥珀酰辅酶A与甘氨酸发生双重缩合反应，继而发生聚合反应生成卟啉环，与镁分子结合形成镁原卟啉，镁原卟啉与一个甲基发生环化反应，最终生成叶绿素a。

（2）化学提取法

化学提取法主要是以树叶为原料直接提取叶绿素，整个操作环节需要避光操作，环境温度需要稳定在25℃。将树叶充分粉碎后加入提取剂中，反复萃取多次。完成萃取后进行分层，充分分层后将水层去除，收集有机层。对分层柱中的悬浮液进行过滤、洗涤、干燥等操作后，可以分别得到叶绿素a和叶绿素b。

使用方法

（1）目前市场上，叶绿素广泛用于口香糖中，以增强消除口臭的效果。

（2）二战时，美军曾将叶绿素与消炎药同时使用，用于伤口外敷，以加速伤口愈合、促进增血功能。

（3）慢性结肠炎患者通过食用富含叶绿素的麦绿素，可以改善结肠炎症状，由此证明叶绿素对肠部炎症伤口有极好的消炎、促进愈合作用。

五、食用注意

《食品安全国家标准　食品添加剂　叶绿素铜钠盐》（GB 26406—2011）中要求，叶绿素铜钠盐应为墨绿色至黑色的粉末，pH为9.5~11.0。

延伸阅读

在叶绿素之谜破译以前，人们对于“树叶是绿色的”这个现象充满好奇。

1915年，德国化学家韦尔斯泰特荣获了诺贝尔化学奖，他为人类解答了这个自然之谜。他发现了叶绿素及其他植物色素的化学结构，揭示出光合作用原理，即植物吸收二氧化碳，释放出氧气，从而向我们揭开了叶子呈绿色的谜底，也为有机化学的发展谱写了崭新的篇章。

韦尔斯泰特采用了当时最先进的色层分离法来提取绿叶中的物质。经过10年的艰苦努力，通过使用成吨的绿叶，他终于捕捉到了树叶中的神秘物质——叶绿素，并成功地提取出来，证实了正是由于叶绿素在植物体内所起到的奇特作用才使我们人类得以生存。

俄国化学家、色层分析法创始人茨韦特用吸附色层分析法证明高等植物叶子中的叶绿素有两种成分。1960年，美国有机化学家伍德沃德带领实验室成员首次合成了叶绿素a。至此，叶绿素的分子结构得到定论。

花青素

碧云天，黄叶地，秋色连波，波上寒烟翠。
山映斜阳天接水，芳草无情，更在斜阳外。
黯乡魂，追旅思。夜夜除非，好梦留人睡。
明月楼高休独倚，酒入愁肠，化作相思泪。

——《苏幕遮·怀旧》（宋）范仲淹

一、物种本源

名称

花青素（Anthocyanin），又名花色素、花青色素。

形态特征

自然界的各种植物中基本都有花青素存在，天然的花青素不是以自由状态存在的，而是形成糖配体存在于植物中，是一种可以由花色苷水解产生的有颜色的配基。

其他特征

花青素会因为环境中pH和温度条件的不同而使得植物的花瓣显现出千变万化的颜色，但是花青素经常因为自然界中光照、温度和pH等环境因素变化的影响而使花瓣发生颜色分解。

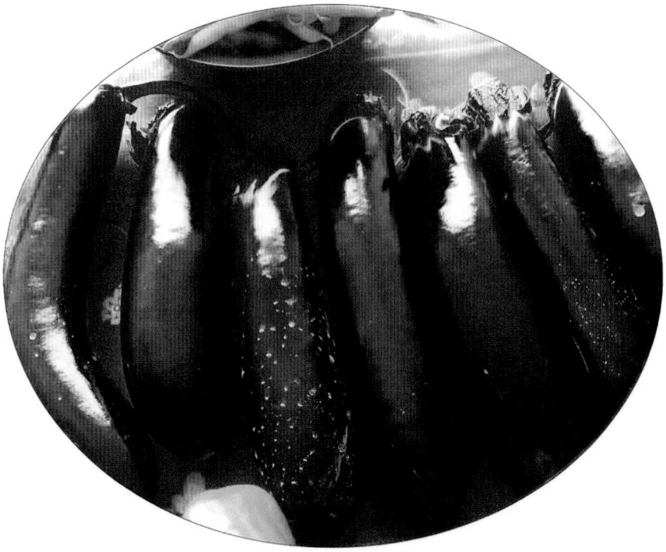

表皮富含花青素的茄子

二、主要成分

花青素是一种吸光能力极强的天然黄酮类化合物。花青素在自然条件下不稳定，一般不是以自然状态存在，而是以一个苷元的形态与各种糖如葡萄糖、半乳糖、木糖、阿拉伯糖等以糖苷键的形式连接构成花色苷。花青素中的糖苷基和羟基还能以酯键的形式与一个或几个分子的香豆酸、咖啡酸、阿魏酸、对羟基苯甲酸等芳香酸和脂肪酸连接形成经过酸基化的花青素。

花青素的种类很多，目前人们普遍认知发现的有20多种，但大多具有相同的基本结构，B环取代物的不同是各种花青素之间的主要结构差异，一般根据可以最先分离得到它们的植物名称来命名。常见的可做食用的花青素有牵牛花色素、花葵素、矢车菊色素、花翠素、芍药色素、锦葵色素等。

三、食材功能

食用功能

（1）抗氧化剂

花青素化学结构中的酚羟基可以与人体内的自由基分子发生反应，生成一种半醌式自由基，从而减少体内的自由基以达到抗氧化目的，这是花青素抗氧化机制的实质。花青素对自由基清除作用的增强是因为它可以在人体内存在较长时间。目前的研究发现，花青素的抗氧化能力极强，是一种高效率自由基清除剂，花青素的抗氧化能力是维生素E的50倍，是维生素C的20倍。

（2）着色剂

瓜果、菜蔬、花卉这些植物中的呈色物质基本跟花青素有关，花青素不仅可以使得植物的花瓣显现不同的颜色，还可以用来给食品及化妆

花青素粉末

品等着色。葡萄色素是一种在自然界的植物中普遍存在的天然花色苷类色素，包含飞燕草素、牵牛花素、锦葵色素、甲基花青素及花色素等，着色能力在酸性条件下最稳定，光泽鲜亮，且可以在食品中使用。

（3）防腐剂

花青素的抑菌机理是破坏微生物细胞膜的完整性，最终细胞被破坏导致死亡；也可以通过DNA、RNA和蛋白质等大分子物质的生物合成使细菌不能生长而死亡。因此，花青素在一定程度上具有防腐剂的功效，偶尔可以代替山梨酸等化学合成的防腐剂发挥抑菌防腐的作用。

（4）营养强化剂

花青素是一种安全性高且含有一定营养成分的水溶性色素，可以加入食品中充当营养强化剂，安全无毒，还有一些有利于健康的生理作用。

医学作用

（1）抗抑郁作用

富含花青素的植物或其提取物可以有效地改善抑郁症症状。采用慢性应激动物模型研究花青素的作用，结果表明花青素可以改善抑郁症症状。

（2）抗衰老作用

人的衰老是指随着时间的流逝，人自身机体必然会发生的一个过程。机体自由基的大量存在会使DNA、蛋白质、核酸等受到损害而使细胞衰退，但是花青素可以有效地清除自由基来防止氧化，发挥抗衰老的作用。

（3）降低血糖

胰岛素的功能衰退和匮乏会使人的正常血糖水平变高，机体新陈代谢变得混乱，从而引发多种内分泌紊乱性疾病。当血糖水平一直较高时就会引起很多急性或慢性并发症，对身体造成危害，而花青素的一个医学功效就是降血糖。

四、加工及使用方法

加工

（1）加压溶剂萃取

加压溶剂萃取（也称为加压液体萃取和高速溶剂萃取）的作用机理是溶剂的沸点由于外部压力的增加而提高，从而增加了物质在溶剂中的溶解度并提高了萃取效率。此技术主要用于食物中类黄酮、酚类物质和一些抗氧化成分的提取。有试验研究过其在提取花青素中的应用。

（2）有机溶剂萃取

提取花青素最常用的一个方法是有机溶剂萃取，普遍选择甲醇、乙醇、丙酮或混合溶剂，当提取的样品中含有能在非极性溶剂中溶解的成分时，要用正己烷、石油醚、乙醚等作为溶剂。去酰基化的花青素在萃取时可能发生降解，为了防止这一现象，需经常添加定量盐酸或甲酸到溶剂中。这种最常见的萃取方法需要很长的时间才能完成，效率很低且热溶剂容易使花青素发生降解，降低其生理活性和功能。

保持低温（4～8℃）或者在常温环境避光黑暗条件下使用含有1%盐酸的甲醇溶液浸提16～20小时，或者在4℃下，经过1%的三氟乙酸的甲醇溶液浸泡一天后进行提取，是目前国外提取花青素的常用方法。

（3）水溶液提取

水溶液提取是在常压或高压条件下将提取材料泡在热水中，再用非极性全多孔树脂吸附；也可以使用脱氧热水直接提取，经过超滤过程，最后浓缩得到粗提物。全过程对环境友好，无毒、无污染。

富含花青素的葡萄籽精华

使用方法

（1）花青素不但是食品中的营养强化剂，而且可以充当食品防腐剂、食品着色剂添加在食品中。花青素的功能特性完全满足人们对于食品添加剂自然、安全、健康的基本要求，也可用于染料、医药、化妆品等方面。

（2）在面包中加入一种从黑米、紫米、黑莓等食物中提取的花青素天然活性成分，不但能使面包的淀粉成分在体内消化的速度降低，而且它的抗氧化作用也能降低人们患心血管类疾病的风险。

（3）脑血管相关疾病的重要发病基础是脑动脉粥样硬化症，其中血管壁胆固醇的积累和炎症的反复发作是脑动脉粥样硬化症产生与发展的主要原因，而葡萄籽原花青素能修复和保护动脉结构，从而减少动脉粥样硬化的形成。

（4）花青素具有很强的清除自由基能力的特性，可以用来保护肝脏不受损伤、提高记忆力、保护视力。

五、食用注意

（1）花青素含量过高有可能会导致面包太坚硬，加入2%的花青素效果最佳。

（2）《中国居民膳食营养素参考摄入量（2013版）》中对原花青素要求的每日可耐受最高摄入量为800毫克。

传说故事

相传在三千年前，长白山天池里住着一个龙王。龙王有个女儿叫蓝莓，长得赛过天仙，人见人爱。有一年，长白山区的莲花甸出了一个五步蛇精，它施妖术，残害百姓。

“父王，让我去斩除妖魔，让长白山恢复往日的安宁吧。”蓝莓向天池龙王请求道。天池龙王沉思良久，同意蓝莓的请求。“一定要小心啊。”老龙王再三叮嘱她。

蓝莓准备一番，便驾云头，向莲花甸方向飞去。蓝莓悄悄降落云头，池中布满杀气。忽然，一股浪花掀起，水中露出大块的鳞片，五步蛇精疯狂地跃出水面，凶狠地扑向蓝莓。蓝莓舞剑相迎，奋力同五步蛇精打斗起来。五步蛇精见只蓝莓一个人，更加来了神儿，它一跃而起蹿出水面几米高，将一股毒液喷向蓝莓，蓝莓躲闪不及，被剧毒蛇液毒倒。

话说龙王担心女儿，也率领战将亲自来战蛇精。看到爱女躺在池边，老龙王悔恨不迭。声音惊动了五步蛇精，它又一次跃出水面，老龙王等一拥而上，蛇精还没等回过神来，便葬身池水中。

从此，莲花甸长出了成片的绿矮棵植物，上面结满了紫黑色的果实，人们叫她蓝莓。这蓝莓吃起来甜甜的，她的汁液可以做酒，可以入药，也可以做饮料，营养丰富着呢。而大甸子最接近水面的部分，则长满了鳞状的草墩，人们说这是五步蛇精的肉皮，它要永远长在蓝莓的底部，给蓝莓这种植物提供养分，为蓝莓服务，以赎罪过。

龙女化作蓝莓后，老龙王终日思念，天天哭日日想，视力逐渐模糊，快要瞎了。一天夜里，龙女给父王托了一个梦，说道：“父王，您不用牵挂女儿，我虽为女儿身，但我身上也流着您的血脉，我是龙女，我也应为保卫家园尽一份职责。您应该为我感到自豪，看到您日夜哭泣，我真的好心痛，如果您思念我就每天吃几枚蓝莓果，它能治好您的眼睛。”老龙王第二天起来后就照着女儿所说的话，每天吃几枚蓝莓果，三个月后他的眼睛果然复明了。龙王为了纪念女儿，施以法术，整个长白山区都长满了这种植物。从此以后，长白山脚下的人们不管谁的眼睛有毛病都到山上摘蓝莓果吃，真的很神奇。因此人们又称它为眼睛的保护神。

明胶

斜背灯光笑眼抛，铜炉酒响荡明胶。
柔肠拚与冠缨断，密绪原先履舄交。
傅母殷勤心劝进，侍儿佻达语含嘲。
此时何止看花宴，旷荡狂情似孟郊。

——《续游十二首（其三）》
（明）王彦泓

一、物种本源

名称

明胶（Gelatin），又名动物胶。

来源及分布

明胶产地主要分布在西欧、印度、美国、日本和中国，其中中国是明胶的主要产出国以及消费国。

明胶粉末

形态特征

明胶是一种以动物的皮、骨、韧带、肌腱以及其他结缔组织为原料加工而成的高分子多肽，呈无色或淡黄色、半透明的非晶体状态。

其他特征

明胶难溶于冷水，但在热水中极易溶解。它可以缓慢吸收自身十倍体积的水而形成凝胶。明胶具有优异的气泡性能，能与酸、碱、盐形成化合物。

二、主要成分

明胶主要由蛋白质组成，蛋白质含量高达80%，其中包括18种氨基酸，如人体必需氨基酸有内氨酸、甘氨酸、脯氨酸及羟脯氨酸等。

三、食材功能

食用功能

（1）胶凝剂

当形成胶团的蛋白质通过侧链互相缔合时，就会形成不溶性的凝胶。可以形成凝胶的明胶分为硬明胶和软明胶，可以通过改变相关条件将明胶用作胶凝剂。

（2）稳定剂

明胶不仅可用于起泡，还能维持泡沫的稳定性，并使其他物质稳定而均匀地分布在明胶溶液中，不发生沉降等现象。因此，可食用性明胶不仅能作为乳液的稳定剂，还可以保护微小泡沫及悬浮固体。

（3）乳化剂

可食用性明胶可帮助水包油型乳剂的形成，还有乳化油脂的功能。

（4）增稠剂

明胶的水溶液具有很强的黏性，其溶液的空间结构由许多简单的形状不规则的蛇形链构成。通过搅拌会使其中一些链相互之间脱离开，从而使其溶液的黏度发生变化。

（5）发泡剂

可食用性明胶会在强烈搅拌后形成大量的泡沫，并且这些泡沫能在很长一段时间内维持性质和形状的稳定。

（6）澄清剂

明胶也可与食品中的单宁质或其他类似物质联用，两者迅速反应生成絮凝沉淀，稍微静置后就会和产品中的混合物一并沉降，然后经过过滤处理除去沉淀物即达到澄清的目的。

医学作用

（1）由于明胶具有凝胶性、固水性、黏结性以及溶解性，故而明胶常被用于制作硬胶囊、软胶囊和包衣。

（2）《本草逢原》中记载明胶是由黄牛皮经熬制成的胶体。中医认为明胶具有特殊的药效，将其视为固气补血之物。明胶与阿胶功效相似，但明胶更为温和，适宜虚热者食用，较阿胶效果更佳。

（3）由于明胶来源广泛，制作方法十分简单，成本又很低且有一定的治疗休克的疗效，故而西医常用其作为血浆代用品。

四、加工及使用方法

加工

（1）碱制备法

将动物的骨和皮等用石灰乳液充分浸渍后，用盐酸中和，再进行充分水洗，60~70℃条件下熬胶，最后经过防腐、漂白、凝冻、刨片、烘干，即可得到成品——碱法明胶。

（2）酸制备法

原料在冷硫酸中酸化8小时，漂洗后水浸过夜，在60℃条件下熬胶4~8小时，然后冻胶、挤条、干燥而成，即可得到成品——酸法明胶。

（3）酶制备法

使用蛋白酶将原料皮进行酶解后用石灰处理一天，经中和、熬胶、浓缩、凝冻、烘干而得。

猪皮冻

使用方法

（1）在糖果中添加明胶可以使软糖更富有弹性且爽口不黏牙，可以帮助肠道消化，提高软糖的品质。它还可以防止糖果破碎，提高糖果的持水性，防止糖浆出现水油分离的情况。一般明胶的添加量为2‰。

（2）明胶可以用于食品保鲜。当明胶薄膜覆盖食品表面时，可以防止食品吸潮以及发生褐变反应；同时，明胶还可以使食品表面更加具有光泽，进一步改善了食品的外观。近年来，日本等国较多地将食用明胶用于食品的涂层。

明胶甜品

（3）明胶可用于肉制品做胶冻剂。例如，在火腿罐头中添加一定量的明胶，可帮助形成透明度良好的光滑表面。火腿罐头装罐时在它的表面撒上明胶粉，再经过加盖排气、杀菌等步骤，可以防止黏盖。

（4）在制作酪乳脂干酪、涂抹干酪时，加入适量的明胶可以起到控制乳清析出的作用。明胶的熔点与人的体温很接近，食用添加了明胶的食品时会有滑润细腻的口感。另外，使用明胶还能获得良好的发泡性，使产品外观带有典型的搅打甜食的特征。

五、食用注意

（1）食用限量：在肉制品中，明胶的使用量为2%~9%；在生产果汁软糖时，明胶的使用量为20%；在生产冰激凌中，明胶的使用量为1‰。

（2）在添加食用明胶的过程中，熔化温度不宜过高。

传说故事

唐朝时，阿城镇上住着一对年轻的夫妻，男的叫阿铭，女的叫阿桥。两人靠贩驴过日子。

阿铭和阿桥成亲5年后，阿桥有了身孕，不料，阿桥分娩后因气血损耗，身体很虚弱，整日卧病在床，吃了许多补气补血的良药，也不见好转。阿铭听人说驴肉能补，心想，让阿桥吃些驴肉，也许她的身体会好起来。于是，就叫伙计宰了一头小毛驴，把肉放在锅里煮。谁知煮肉的伙计嘴馋，肉煮熟了，便从锅里捞出来吃。其他伙计闻到肉香，也围拢来吃，这个尝尝，那个尝尝，一锅驴肉不大会儿全进了伙计们的肚里。

这下，煮肉的伙计着了慌，拿什么给女主人吃？无奈，只好把剩下的驴皮切碎放进锅里，倒满水，升起大火煮起来。熬了足有半天工夫才把皮熬化了。伙计把它从锅里舀出来倒进盆里，却是一盆浓浓的驴皮汤。汤冷后竟凝固成黏糊糊的胶块。伙计尝了一块，倒也可口，于是把这驴皮胶送给阿桥吃。

阿桥平时喜吃素食，不曾吃过驴肉，尝了一口，觉得喷香可口，竟然不几餐便把一瓦盆儿驴皮胶全吃光了。几日后，奇迹就出现了，她食欲大增，气血充沛，脸色红润，有了精神。

事隔年余，那个伙计的妻子也分娩了。由于家里贫穷，怀胎期间营养不足，妻子生产时几次昏倒，分娩后气血大衰，身体十分虚弱。伙计找来了郎中开了许多补药，吃了也不管用。伙计忽然想起阿桥吃驴皮胶那回事儿来。于是，便将头年煮驴肉熬驴皮的事儿向阿铭阿桥夫妻细说了一遍，并向他们夫妻借头毛驴。阿桥见伙计为妻子重病着急的样子，便给了他一头毛驴试试。伙计牵了毛驴回家宰了，把驴皮熬成胶块给妻子吃。果然不几日，妻子便肌肤红润，有了精神。

自此后，“驴皮胶大补，是产妇良药”便在百姓们中间传扬开了。阿铭阿桥开始雇伙计收购驴皮熬胶出售，生意十分兴隆。有些庄户，见熬驴皮胶有利可图，也相继熬胶出售。可只有阿城镇当地熬出的胶才有疗效，其他地区制作的没有滋补功效，这便引起了纠纷。官司打到县里，县太爷带着郎中先生来到阿城镇调查，经过实地探测，发现阿城镇水井与其他地方水井不同，比一般水井深，水味香甜，水的重量也沉重许多。

县太爷十分惊喜，才知道驴胶补气补血，除驴皮之外，还赖此得天独厚的井水。于是下令：只准阿城镇百姓熬胶，其他各地一律取缔。

县令还将驴皮胶进贡给唐太宗李世民。李世民赏给年迈体弱的大臣，他们吃后都夸此胶是上等补品。李世民大喜，差大将尉迟恭巡视阿城镇。尉迟恭来到阿城镇，赏给阿铭阿桥金锅银铲，召集匠人将阿城井修葺一新，并在井上盖了一座石亭，亭里竖立了石碑。至今，碑文“唐朝钦差大臣尉迟恭至此重修阿井”的字样，仍依稀可见。

后来，人们经过研究，又用其他动物的皮、骨、肌腱熬制成无色或半透明的胶质，称为明胶。

槐豆胶

人少庭宇旷，夜凉风露清。
槐花满院气，松子落阶声。
寂寞挑灯坐，沉吟蹋月行。
年衰自无趣，不是厌承明。

——《夏夜宿直》
（唐）白居易

一、物种本源

名称

槐豆胶（Sophora bean gum），又名刺槐豆胶。

来源及分布

角豆树作为槐豆胶的主要原料来源，种植区域广泛。角豆树是一种常绿乔木，从出芽到长成茂盛的乔木需要十多年的时间，结出的果实就是褐色的角豆荚。每个镰刀形的角豆荚基本含十几颗种子，果实整体长约为15厘米，宽则是3厘米左右，而种子大多呈椭圆形。

角豆荚

槐豆胶粉末

形态特征

槐豆胶最初是从角豆树种子的胚乳中分离出来精制而得的，后来常以地中海地区的刺槐种子为原料进行加工生产。常呈现粉末状，色白或微黄，基本无味或略有臭味。

二、主要成分

槐豆胶是一种常见的多糖，其基本结构单位是半乳糖和甘露糖，具有以1，4-β-D-吡喃甘露糖为主链和以1，6-β-D-吡喃半乳糖为支链的线型分子结构，其中甘露糖和半乳糖的摩尔比随种源不同而异。例如，槐豆胶半乳甘露聚糖，甘露糖与半乳糖的摩尔比为3.3478∶1，即两者含量分别为77%和23%。

三、食材功能

食用功能

（1）增稠剂

槐豆胶是由半乳甘露聚糖的难消化纤维制成的，这种纤维具有长的链状分子结构。这些多糖赋予胶独特的能力，使其在液体和加厚食物中变成凝胶，特别是在没有高度精制成分的天然或有机食品中。

（2）乳化剂

由于半乳甘露聚糖具有良好的黏合性，还带有些许甜甜的味道，所以常被用来发酵酸奶等乳制品。在干酪的生产中，添加槐豆胶，主要可以起到加快奶酪凝结的作用，从而增强涂布效果，有利于提高成品产量。

槐豆胶甜品

（3）稳定剂

槐豆胶具有良好的物理化学性质，可以保证食品的品质稳定安全。作为食品添加剂，槐豆胶常添加于肉制品、西式香肠中，可以有效改善肉类本身的持水性，并且使其组织结构在冷冻、融化过后依旧能够保持一定的稳定性。

医学作用

（1）纤维含量高

槐豆胶的纤维含量高，且这种纤维不被人体吸收，在消化道变成凝胶，有助于软化大便，可以减少便秘。此外，可溶性纤维被认为对心血管系统起到保护作用，因为它能与膳食胆固醇结合，防止被吸收到人体血液中。

（2）有助于防止婴儿肠道反流

槐豆胶有助于增加配方奶的浓度，防止它在进入胃后重新上升到食道，导致反流和不适。它还可以减缓胃排空，或降低食物从胃进入肠道的速度。这也可以减少婴儿的肠道问题和反流。

（3）降低血糖和血脂水平

一些研究发现，服用槐豆胶补充剂可能有助于降低血糖和血脂水平，这可能是因为它们含有大量纤维。

四、加工及使用方法

加工

槐豆胶提取的工艺流程分为以下几个步骤：

（1）角豆树所结的角豆荚果皮中果胶含量较为丰富，为去除黏性、便于后续操作，常先晒干再进行粗粉碎。

（2）果实的不同部分硬度不一样，如果皮、子叶和胚较软，容易被粉碎成粉末；而胚乳和种皮较为坚硬，在粗粉碎阶段不会被破坏。

（3）筛去粗粉碎后的果皮、子叶、胚，得带皮胚乳。

（4）对剩余带皮胚乳进行化学处理，使用次氯酸钠作为溶剂。一是由于种皮与胚乳紧密连接，使用次氯酸钠可以使种皮与胚乳易于分离，让种皮更好地脱落。二是因为种皮含有各种色素，常将胚乳染成黑色，经过次氯酸钠处理后可以起到漂白效果，改善成品胶的颜色。

（5）使用清水反复清洗，在60℃下烘干。

（6）对上述物质再次进行粉碎，过筛得到胚乳。

（7）对内胚乳进行精粉碎，然后用100目筛过筛，最终得到干燥的成品槐豆胶。

使用方法

（1）单独使用卡拉胶制得的果冻没有弹性，槐豆胶与其复配，可形成弹性果冻。

（2）为提高食品的凝胶特性，通常将槐豆胶与琼脂二者进行复配使用。

（3）槐豆胶与海藻胶和氯化钾复合使用，可作为胶凝剂广泛用于罐头制品中。

（4）在制作冰激凌时，槐豆胶与卡拉胶、羧甲基纤维素钠三者复配加入，作为稳定剂，效果显著，用量在0.15%左右。

（5）槐豆胶作为食品添加剂，用于面制品，可以改善面团的吸水性等特性及品质，延长面团的老化时间。

五、食用注意

（1）槐豆胶基本无副作用，但不可过量使用。

（2）过敏体质者谨慎使用。

传说故事

隋末唐初的时候，有个叫淳于棼的人，家住在广陵。他家的院中有一棵根深叶茂的大槐树，盛夏之夜，月明星稀，树影婆娑，晚风习习，是一个乘凉的好地方。

淳于棼过生日的那天，亲友都来祝寿，他一时高兴，多喝了几杯酒。夜晚，亲友散尽，他一个人带着几分酒意坐在槐树下歇凉，不觉沉沉睡去。

梦中，他到了大槐安国，正赶上京城会试，他报名入场，三场结束，诗文写得十分顺手。发榜时，他高中了第一名。紧接着殿试，皇帝看淳于棼生得一表人才，举止大方，亲笔点为状元，并把公主许配给他为妻，状元公成了驸马郎，一时成了京城的美谈。

婚后，夫妻生活十分美满。淳于棼被皇帝派往南柯郡任太守，一待就是20年。淳于棼在太守任内经常巡行各县，使属下各县的县令不敢胡作非为，很受当地百姓的称赞。皇帝几次想把淳于棼调回京城升迁，当地百姓听说淳于太守要离任，纷纷拦住马头挽留。淳于棼为百姓的爱戴所感动，只好留下来，并上表向皇帝说明情况。皇帝欣赏淳于棼的政绩，赏给他不少金银珠宝，以示奖励。

有一年，敌军入侵，大槐安国的将军率军迎敌，几次都被敌军打得溃不成军。战报传到京城，皇帝震惊，急忙召集文武群臣商议对策。大臣们听说前线军事屡屡失利，敌军逼近京城，凶猛异常，一个个吓得面如土色，你看着我，我看着你，都束手无策。

皇帝看了大臣的样子，非常生气地说：“你们平日养尊处优，享尽荣华，朝中一旦有事，你们都成了没嘴的葫芦，胆小怯阵，一句话都不说，要你们何用？”

宰相立刻向皇帝推荐淳于棼。皇帝立即下令，让淳于棼统率全国精锐与敌军决战。

淳于棼接到圣旨，不敢耽搁，立即统兵出征。可怜他对兵法一无所知，与敌军刚一接触，立刻一败涂地，手下兵马被杀得丢盔弃甲，东逃西散，淳于棼差点被俘。皇帝震怒，撤掉淳于棼职务，遣送回家。淳于棼气得大叫一声，从梦中惊醒，但见月上枝头，繁星闪烁。此时他才知道，所谓南柯郡，不过是槐树最南边的一枝树干而已。

鱼鳔胶

百顷苍云小结茅，溪风流响度晴梢。
半窗山月惊孤鹤，没屋秋涛走万蛟。
采药有时收琥珀，烧烟何处觅鱼胶。
投闲未许官封及，且复深居学许巢。

——《题剡张克让万松窝》
（元末明初）钱宰

一、物种本源

名称

鱼鳔胶（Swim bladder glue），又名黄鱼胶。

形态特征

鱼鳔胶是将鲟鱼、鳇鱼身上的黄鳔通过加工处理以后制得的一种胶料，一般为长圆形的薄片，淡黄的颜色，呈角质的状态，略有光泽，经水煮后可溶化。溶化的溶液冷却后凝成冻胶，具有很强的黏性，为“海味八珍”之一。

二、主要成分

每100克鱼鳔胶营养成分见下表所列。

其他氨基酸	37克
甘氨酸	30克
脯氨酸、羟脯氨酸	22克
丙氨酸	11克

三、食材功能

食用功能

（1）膨胀性

通常胶原蛋白纤维在40℃下的酸或碱溶液中会发生膨胀，而鱼鳔胶中含有大量胶原蛋白纤维，因此鱼鳔胶具有膨胀性。

（2）凝胶性

当将鱼鳔胶与水混合形成2%的明胶溶液以后，放置在室温下便会凝胶化；但这种凝胶化是可逆的，在加热的环境下便会恢复成液体的状态。

（3）保水性和乳化性

鱼鳔胶中胶原蛋白分子的等电点pH为7.0～8.0，不溶于冷水或稀的酸碱溶液，具有良好的保水性和乳化性。

（4）热稳定性

鱼鳔胶具有良好的热稳定性和韧性，这得益于胶原蛋白分子是螺旋结构，分子间不易分开。

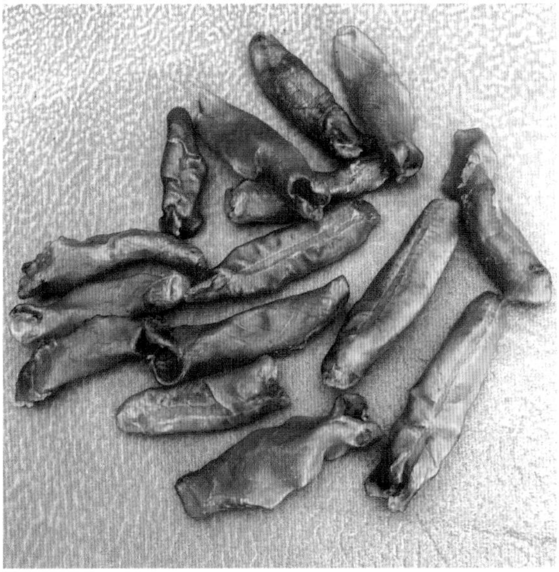

鱼鳔胶

医学作用

鱼鳔胶胶原蛋白具有良好的可应用于医学的理化性质，如组织相容性、可降解性、低抗原性、促进止血、凝胶乳化性和促进细胞定向黏附并生长增殖等性质，再加上鱼鳔胶的来源非常广泛并且生物安全性高，所以已被广泛应用于现代医学领域。

（1）鱼鳔胶在骨科治疗中的应用

人体内骨骼的软骨组织受伤以后很难在体内自发修复再生，鱼鳔胶胶原蛋白具有较好的生物相容性，可制成复合制剂，为软骨新生细胞的生长提供立体支架并刺激细胞生长；用于治疗关节损伤，可以有效地促进骨组织损伤修复，较好地改善损伤后的细胞。

（2）鱼鳔胶在组织细胞培养中的应用

鱼鳔胶胶原蛋白具有高纤维形成能力、高热稳定性和促进细胞生长增殖的特性，可促进胶原纤维中梭形结构的形成，表现出组织细胞培养的能力。

（3）鱼鳔胶在止血和伤口修复中的应用

胶原薄膜是以鱼鳔胶胶原蛋白为基础制成的一种胶原膜，可通过调节凝血因子、凝聚血小板并激活外源性凝血途径加速止血过程，加速伤口愈合，促进皮肤的损伤修复。

（4）鱼鳔胶在制药过程中的应用

鱼鳔胶胶原蛋白可作为安全无毒的催化剂，催化一些有机物质，形成许多药物的核心结构——螺环吲哚和螺环萘。

（5）鱼鳔胶的其他应用

鱼鳔胶可直接被人体吸收利用，用于蛋白质的补充和合成；鱼鳔胶胶原蛋白可制成口腔喷雾制剂，具有杀菌消炎的作用，可治疗多种口腔疾病；鱼鳔胶胶原蛋白同时还具有减少疲惫感、滋补养生和调节身体免疫功能的作用。

四、加工及使用方法

加工

提取鱼鳔胶有多种方法，下面列举几种主要方法：

（1）酸法提取

酸法提取是指在较低浓度酸溶液的条件下，由于介质离子渗入、破坏鱼鳔分子间的盐键、希夫(Schiff)键和醛胺键等，引起膨胀、纤溶，胶原蛋白发生游离而溶出的方法，常用的酸有乙酸、盐酸、柠檬酸等。

鱼 鳔

（2）酶法提取

主要原理就是利用酶的作用，有目的地除去胶原蛋白分子的末端肽，从而使想要得到的胶原蛋白分子溶于酶液中。常用工艺包括直接酶提法、混合酶分步提取法、酸碱初步水解后酶提法。通常酶法提取中选用胃蛋白酶、胰蛋白酶、复合蛋白酶和木瓜蛋白酶等。在提取时需要注意酶的种类、提取时间、酶浓度、提取时的pH和酶解温度等条件。

（3）热水法提取

热水提取法一般是指将预处理后的鱼鳔用约65℃的水直接浸提和回流，使氢键等断开而得到胶原蛋白的方法。

使用方法

鱼鳔胶的使用，从古至今已有近千年的历史，根据《本草纲目》记载，鱼鳔胶有补精益血、强肾固本的功效，而且其中含有大量的黏性蛋白、多种维生素和矿物质。另外在冬季时，鱼鳔胶与桂圆、红枣和核桃仁一起熬制，是绝佳的美容养颜的补品之一。

（1）肉制品的添加剂

将从鱼鳔胶中提取得到的胶原蛋白粉，添加一定量至加工肉制品中，可以有效提高肉制品的品质，同时也在一定程度上增加了肉制品中蛋白质的含量，而且不会影响肉制品本身的风味。大量实验表明，在腊肠中添加的最佳值为2%的胶原蛋白和20%的水。

（2）小食品制作

鱼鳔胶可以通过一系列的烹饪方法得到口感独特的小食品。烹饪过程中可以根据口感的不同需要加入不同剂量的香辛料。

（3）制作保健食品

根据胶原蛋白与机体内钙的关系，胶原蛋白可用作生产补钙的保健食品。

五、食用注意

胃部痰多者忌服。

传说故事

木匠靠手艺吃饭，受人尊重毋庸置疑，几千年来流传下来不少有趣的规矩。比方说木匠为了避免木头之间牢度不够，还会使用鱼鳔胶。为啥木匠只用鱼鳔胶呢？

说起来话长，这事要从祖师爷鲁班说起。

话说木匠祖师爷鲁班做活，从来不用胶来粘合木板或木缝的，只用自己的唾液，只需要轻轻一口，就可以粘得稳稳当当。徒弟们对师傅佩服得五体投地，但凡遇到需要黏合的时候，都会请师傅吐一口唾液，这才放心。

有一回，鲁班接到一个活，要出趟远门。临走的时候，鲁班对徒弟们说："我要出远门，估计一时半会回不来，到时候我可没办法再指点你们。所以趁我还没走，有什么需要赶紧都提出来吧！"

徒弟们你看看我，我看看你，想法还挺多，可一时间谁也想不出什么最重要，什么不重要。于是只能帮师傅收拾行李，祝他老人家一路顺风，依依不舍告别。

鲁班走了一程，徒弟们跟在后面送了一程。一行人一直走到渡口，方才挥手告别。

目送鲁班渐渐消失在江面上，其中一个徒弟忽然想起一桩事来，拍着大腿后悔不迭说："众位兄弟，晚了晚了，有件重要事忘记了！"

其他师兄弟听了挺诧异，问："什么事呀？"

这位说道："以往咱们干活都是让师父吐口唾液帮咱们黏合，如今师父出了远门，大家都不曾请师父留下些口水，以后再遇到黏合物件，如何是好？"

众人倒吸一口凉气，想想还真是这么回事。连忙派这个人坐船追赶鲁班师父，求他老人家留一碗唾液。

这个徒弟划着轻舟一路拼命追赶，终于赶上了鲁班。

鲁班看着奇怪，怎么又追过来了。

徒弟大声喊：“师父，麻烦你留点儿口水，不然以后，咱们再干活，用什么粘合木板呢？”

鲁班爷哭笑不得，想了想，站在船头就吐了一口唾液。谁知刮来一阵风，这口唾液落在水里，刚好被一条大鱼吞进肚子里。

徒弟傻了眼，想再找鲁班求一口唾液，可走了一路，鲁班爷又累又渴，实在没唾液可吐，只好让徒弟从那条鱼身上打主意。

徒弟想了半天，找来渔网把那条大鱼打捞起来，然后用鱼鳔熬成胶，发现这东西黏性极强，用来黏合木工再合适不过了。

于是从此，木匠就传下来一套规矩，一定要鱼鳔胶来粘东西。

卡拉胶

生来可爱惹人怜，柔韧丝滑情意绵。
出入千家身影现，美容除疾味新鲜。

——《卡拉胶》（现代）杨金香

一、物种本源

名称

卡拉胶（Carrageenan），又名鹿角菜胶、角叉菜胶、爱尔兰苔菜胶，是一种从角叉菜属、麒麟菜属、杉藻属及沙菜属等海洋红藻中提取的多糖的统称，分子量均在20万以上。

红　藻

其他特征

卡拉胶可溶于水，但不溶于大多数有机溶剂。另外，卡拉胶还可与蛋白质发生静电作用，由高分子双螺旋化引起的协同作用可使凝胶强度提高10倍左右。

二、主要成分

卡拉胶，是由硫酸基化的或非硫酸基化的β-D-半乳糖和3，6-酐-α-D-半乳糖通过α-1，3-糖苷键和β-1，4键交替连接而成的直链复合多糖。

卡拉胶结构含有很多碳水化合物单元，例如木糖、葡萄糖和糖醛酸。商业卡拉胶中有22%～38%的硫酸盐成分。其他阳离子，例如铵离子、钙离子、镁离子、钾离子和钠离子，也以半乳糖酯的形式存在。最常见的商业卡拉胶多糖有以下四种类型：ι、κ、λ、μ，由于它们的化学结构略有不同，所以具有不同的特性。

三、食材功能

食用功能

（1）增稠剂

低浓度的卡拉胶可以形成低黏度的溶胶，接近牛顿流体；当浓度增加时，形成高黏度的溶胶，成为非牛顿流体。

（2）凝固剂

当有钾离子存在时，卡拉胶与钾离子作用生成热可逆凝胶，因此在与槐豆胶或魔芋胶、氯化钾等助剂结合后具有协同作用，形成柔韧、口感更好的凝胶。

条状卡拉胶

(3) 稳定剂、澄清剂

卡拉胶可以与蛋白质相互作用，因此在果汁内加入卡拉胶可以使果汁或啤酒中的胶体物质和可溶性蛋白质迅速凝结沉淀并且保持其外观和质量。卡拉胶可以起到稳定蛋白质、提高体系乳化稳定性和获得良好口感的作用。

医学作用

卡拉胶具有可溶性膳食纤维的基本特性，在体内降解后的卡拉胶能与血纤维蛋白形成可溶性的络合物，可被酵解为短链脂肪酸，成为益生菌的能量源。

四、加工及使用方法

加工

卡拉胶的粗提工艺比较简单，将海藻洗净后充分晒干，放入容器内，加入30~50倍清水或适量碱液，在100℃左右加热40~60分钟，过滤取清液，边搅拌边加入醇类溶剂如乙醇，充分混匀后离心分离，沉淀后烘干，粉碎可得最终成品。通常在采用滚筒干燥时，可以添加单、双甘油酯或聚山梨醇酯做滚筒脱离剂。

(1) κ-卡拉胶的提取：通常采用的方法为氯化钾沉淀法。提取原料一般是麒麟菜属、沙菜属、角叉菜属，首先将原材料经日晒自然干燥，随后将温度控制在80~90℃下，用7.5%的氢氧化钠处理。经过一段时间的脱水处理后，将混合物煮沸干燥，减少滤液的量，然后向其中喷洒1%~1.5%的氯化钾冷溶液，再用压制的方法脱水、干燥、研磨，得到κ-卡拉胶粉末。

(2) κ-卡拉胶和ι-卡拉胶的提取：λ-卡拉胶主要从杉菜属和角叉菜属中获得。λ-卡拉胶的亲水性很强，无法与κ-卡拉胶采取相同的冻融或凝胶技术，一般用醇沉技术干燥进行替代。热提取后，碱液处理并且经过多重过滤，滤液经双效蒸发器进行浓缩减量。

使用方法

（1）果冻布丁加工生产

卡拉胶在果冻布丁中作为主要的凝固剂，通过调整卡拉胶与琼脂、明胶、果胶等其他食品胶以及无机盐的比例来调整这类凝胶食品的质构，用卡拉胶制成的果冻富有弹性且保水性很好。如果在酱油、鱼露和虾酱中加入一定量的卡拉胶，则可以改善酱汁的黏稠度和口感。加入一定量的卡拉胶充当增稠剂、凝固剂和稳定剂，可以使红豆酱变得更加稳定，也可以使红豆酱更加黏稠，使产品分散均匀，口感好。

（2）软糖的生产加工

我国在水果软糖中添加卡拉胶当食品添加剂的历史十分长久，因为卡拉胶相比于其他凝固剂弹性更好且黏性小、口感更好、接受度更广泛，而且稳定性也更高，可谓物美价廉。

（3）冷饮冰激凌加工生产

在冰激凌的制作中，用卡拉胶与其他亲水胶体复配形成稳定剂，可以使脂肪等固体成分分布均匀，防止乳清成分沉淀，控制生产和储存过程中冰晶的形成。与蛋白质发生络合反应，可以在温度波动时提高成品的稳定性和抗融性，总体而言，它能使产品组织匀和，口感细腻。

| 五、食用注意 |

（1）不可过量服用卡拉胶，否则会影响人体对矿物质等营养素的吸收，造成营养素的缺乏。

（2）卡拉胶可以有效提高肉制品的保水性，但是对于不同肉制品，卡拉胶的添加量也会不同，通常情况下卡拉胶的使用量范围为0.5%～1.0%。

延伸阅读

以海边岩石上的“岩衣”为原料的胶冻，叫“岩衣胶冻”。岩衣台湾名叫海燕窝，广东名叫海仙草，是一种纯天然海洋植物。

岩衣胶冻是温州龙湾永强老少咸宜的非遗传统小吃，从明朝流传至今，已经有600多年的历史，因其营养丰富、口感清爽、滑而不腻的特点誉满温州。永强水潭村的岩衣制作技艺在2013年时已列入温州市非物质文化遗产名录。

岩衣，是生长在珊瑚岛的岩壁上的一种营养价值很高的海藻，含有多种天然珍贵的营养成分，内含丰富的矿物质、维生素、天然优质胶原蛋白等营养素。

制作岩衣胶冻时，岩衣和水的比例，要根据冻的稀稠程度来进行配制。首先将岩衣用清水冲洗干净，需多洗几次，将岩衣里的杂质和其他藻类清洗干净；再浸泡3~5分钟，然后加水和白醋，放入高压锅兹气后小火再煮30分钟，趁热用纱布过滤，将岩衣的渣子过滤掉；轻轻挤压纱布，让汁水完全滤出；过滤液放置到干净的盒子或耐高温的保鲜盘里，冷却成胶冻状。冻好后，可以根据自己的喜好，放入冰糖水、牛奶或者其他的水果、甜食一起食用，具有补钙、清热解毒、止咳消炎等辅助作用。

黄原胶

稳定功能保肉香，增稠乳化两称王。
喜教烘焙如神助，绵软蓬松滋味长。

——《黄原胶》（现代）魏玉秋

一、物种本源

名称

黄原胶（Xanthan gum），又名汉生胶、黄胶、黄单孢多糖。

来源及分布

黄原胶通常由玉米淀粉所制造，主要产地分布在我国东北地区。

形态特征

黄原胶是一种白色或者淡黄色粉末状物质，带有些许臭味。

黄原胶粉末

其他特征

黄原胶易溶于水，形成稳定的胶体。黄原胶有很强的增稠特性，其水溶液性质十分稳定，对温度、酸碱度的变化不敏感。

二、主要成分

黄原胶的主要成分是D-葡萄糖、D-甘露糖、D-葡萄糖醛酸、丙酮酸和乙酰基。它的主要结构是通过β-（1-4）键和三糖单元侧链连接的葡萄糖基骨架。

三、食材功能

食用功能

（1）乳化剂

黄原胶有着很好的乳化功能，因为它的分子能够形成网状结构，以螺旋共聚体的形式紧密结合在一起来支撑那些固体颗粒，维持液态水珠的形态。

（2）增稠剂

黄原胶具有很好的水溶性，无论在热水还是冷水中都可以迅速溶解。而且黄原胶溶液即使是在低浓度的情况下，也具备很高的黏性，所以能够成为增稠剂。

（3）填充剂

黄原胶溶液的性质十分稳定，其黏度不会随着温度的变化而发生巨大的变化。当慢慢剪切黄原胶水溶液时，会表现出很高的黏度；当快速剪切时，黏度则会急速降低；当撤掉剪切力后，它就会还原到之前的黏度。因为黄原胶的黏度与剪切力是可塑的，所以会被用来当作填充剂。

四、加工及使用方法

加 工

（1）全溶剂法

将足量的乙醇和异丙醇加入发酵清液当中后，黄原胶会变成沉淀析出，然后再通过分离技术将其分离出来。经过干燥处理后，即可得到成品。

（2）钙盐法

用pH计将发酵清液调至碱性，pH为11.5，然后将氯化钙添加到发酵清液当中，这时会有黄原胶钙沉淀析出，离心将其分离出来放至乙醇溶液中，沉淀会解聚。此时再过滤溶液，然后经过乙醇洗涤，干燥后就可获得成品。

使用方法

（1）黄原胶有利于改善焙烤食品的口感。在烤制面包时，加入少量黄原胶可以使面包内蜂窝组织十分均匀、口感绵软、有良好的持水性。

（2）黄原胶可以直接涂抹在肉制品的表面，或者作为香肠以及火腿制作过程中的稳定剂。它可以起到增强肉制品持水性、使肉质嫩滑、延长货架期的作用。一般在腌制完后加入1%搅拌均匀的黄原胶溶液。

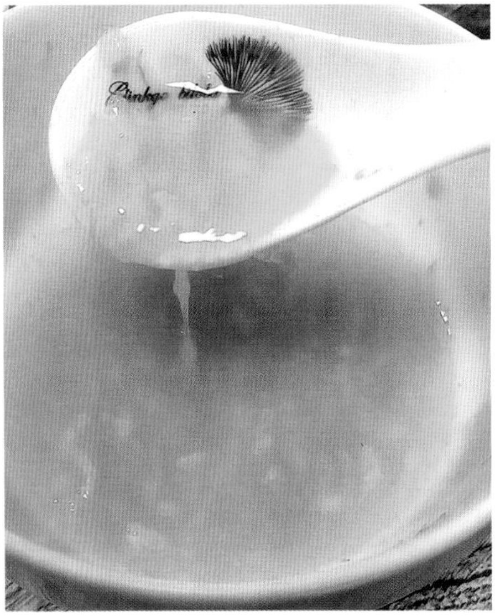

黄原胶在食品中使用

（3）黄原胶使用在冷冻食品中，可以减少自由水冰晶的形成，还能与其他亲水胶体混合赋予冷冻食品滑润的结构，改善食品的组织结构，提高其抗溶性。例如，在制作速冻水饺时，将黄原胶均匀地添加在面粉中再充分搅拌，这样制得的面皮延展性好。

五、食用注意

根据我国《食品安全国家标准　食品添加剂使用标准》（GB 2760—2014）规定，黄原胶的使用量如下：生湿面制品最大使用量为10.0克/千克；生干面制品最大使用量为4.0克/千克；稀奶油、香辛料类、果蔬汁（浆）按生产需要适量使用；黄油和浓缩黄油、其他糖和糖浆，最大使用量为5.0克/千克。

延伸阅读

酸甜可口的番茄酱征服了世界各地的美食爱好者，在调料品王国也是名副其实的“大明星”。番茄酱最初是番茄汁形成的一种液体，变成具有黏稠质密的口感，实际上要归功于它的好搭档黄原胶，一种被普遍使用的食品增稠剂。黄原胶的分子会组合成一条又直又硬的长长的分子链，分子上携带的负电荷可以吸引和结合大量的水分子，但当两根带电的链条靠得太近，它们之间又会形成强大的斥力，所以当溶液中有足够多的黄原胶时，这些长链最终会形成直角，并且纠缠在一起，形成一个个小盒子，并将水分子困在它们的盒状矩阵中。黄原胶的分子结构特点，使得它能够在很低的浓度下就储存大量的水分，而在番茄酱中添加黄原胶，能够起到更神奇的效果，把液体的番茄汁转变成一种类似软固体的特殊质地的材料——非牛顿剪切变稀流体。正是这种独特的质地，使得番茄酱在被摇晃、挤压或者震动时，原先在小盒子里的水流了出来，让番茄酱中充满更多可以自由流动的水，番茄酱也变成更容易流动的形态，但是当摇晃停止后，小盒子又会重新组合起来，把水包裹住；番茄酱又回归了稳定的状态。也正因如此，当黏糊糊的番茄酱倒不出来的时候，我们只要摇晃一下，或者拍拍瓶底，番茄酱就变得更容易流出瓶子了。还有一些用可挤压的塑料包装制成的番茄酱，利用的也是这个原理。

魔芋胶

气蒸蒟蒻根须润，日罩梗柟树影圆。
药市风光虫蛰外，花潭遨乐鹍鸣前。
聚源待拟求凫氏，贮怨那能雪杜鹃。
从植森荣还蓊蔚，夹流湍迅迴潺湲。

——《成都书事百韵》（节选）
（宋）薛田

一、物种本源

名称

魔芋胶（Konjac gum），又名蒟蒻。

来源及分布

在我国，魔芋资源非常丰富，产量最大的地区是四川盆地。其他地区也有魔芋的分布，云南、贵州和湖北西部的魔芋产量也较高。

魔芋胶水溶液

形态特征

魔芋胶是一种纯天然、高纯度的亲水胶体，呈白色或奶油色至棕黄色粉末状。

其他特征

魔芋胶的水溶液黏稠度很高，并有非常强的拖尾现象，对主要成分为纤维的物质有一定的分解能力。魔芋胶的水溶液均匀稳定，具有很好的理化性质。魔芋胶具有良好的稳定性和乳化性能，且在其他方面如凝胶性、增稠性方面也有很好的应用前景。

二、主要成分

魔芋胶主要含有葡萄糖和甘聚糖，两者以2：3或者1：6的比例在魔芋胶中存在。主要通过β-1，4糖苷键键合形成非离子型复合多糖，还有少量通过β-1，3糖苷键键合而成的支链。魔芋胶具有良好的溶解特性，主要原因是有乙酰基的存在。

三、食材功能

食用功能

（1）增稠剂

魔芋胶在食品中有一个非常重要的作用，就是增稠。魔芋胶的水溶液是一种胶体，具体来讲是将魔芋胶溶解在水中，在它溶解的过程中，由于两者的扩散速度不一致，魔芋胶的葡甘聚糖大分子的扩散速度远远跟不上水分子的迁移速度，这就导致魔芋胶胶体在水溶液中发生溶胀，使魔芋胶在食品表面形成一层黏稠的薄膜，从而达到增稠的目的。

（2）保鲜剂

利用魔芋胶较好的成膜性能，可以在食品中形成致密的薄膜。通过在薄膜中添加可用于保鲜的物质，来达到食品保鲜的目的。

魔芋代餐粉

（3）水分保持剂

魔芋胶胶体中的大分子会和溶液中的水分子通过氢键等相互作用结

合在一起，形成巨大的分子。在食品中，利用魔芋胶胶体的这种性能使加入的魔芋胶大分子帮助其形成大型网状结构，使其持水量大大地提高。

医学作用

（1）健康减肥

魔芋胶在食用之后可以让人产生饱腹感，不用刻意节食便可以在进食的同时满足人们的减肥需求，从而达到健康减肥的目的。

（2）补钙

魔芋食品中的钙很容易被吸收。人们在吃魔芋或魔芋所制成的食品时，咬碎的魔芋等产品会与胃中的酸性胃液接触，胃酸会将魔芋及其制品中的钙释放出来，释放出的钙会在肠胃中被吸收，从而达到补钙的目的。

（3）排毒通便

魔芋胶中含有丰富的纤维素，纤维素不可以被人体消化吸收，但可以促进人体排毒，改善肠道功能，预防和减少肠道系统疾病。

四、加工及使用方法

加工

魔芋胶是由一种高山植物——鲜魔芋的块茎部分加工而制成的。

要想制成魔芋胶，首先需要的就是魔芋精粉，魔芋精粉的加工方法主要分为两种：干法和湿法。利用干法制备魔芋胶的主要步骤是：第一步是将魔芋通过介质冷却，第二步是用机器对冷却后的魔芋进行粉碎处理，第三步是对魔芋精粉进行筛选分级。湿法与干法的处理原理大致相同，只是湿法是由魔芋球茎直接开始。值得注意的是，湿法适合用于粒度更小的魔芋微粉的生产。

魔芋精粉生产出来以后，在它的基础上，通过对工业条件进行改变调整，可直接生产魔芋胶。生产步骤简要来说是在精制的设备中加入适量对魔芋微粉合适的介质，这种介质可以帮助魔芋微粉转化为魔芋胶。值得注意的是，魔芋胶经过精制、提纯、分离之后，可以获得下游产物，就是魔芋葡甘聚糖。像葡萄糖、甘露糖和乙酸这三种物质则可以由葡甘聚糖水解后获得。

使用方法

（1）在冰激凌、雪糕浆料的制作过程中，魔芋胶是不可或缺的主要功能原料。魔芋胶的持水特性可减少粗大冰晶的形成；与白糖混合使用，还可提高冰激凌、雪糕的抗融能力，增强口感。

魔芋胶冻

（2）魔芋胶的成膜特性在食品工业中也有很大的用处，例如目前我们可实现的就是用于粉末油脂，以魔芋为主要原料的春卷皮、雪糕的冰壳都利用了魔芋胶的这种特性。

（3）魔芋胶同样也可用于小麦面粉的制作，来提高面粉的质量，质量提高的主要表现是面筋值增大。掺入魔芋胶的面粉制成的食品口感柔软、韧性较强。

五、食用注意

魔芋胶对于糖尿病病人不是很友好，所以不能食入过多。

传说故事

魔芋作为从古流传至今的传统食材，养育了神州大地上一代又一代的人们。早在远古时代，有轩辕制衣裳，有神农尝百草，还有炎帝种粮食。为了造福人类，炎帝与其夫人麻婆娘娘立志携手走遍神州大地，只为了能找到让人们饱腹的食物。

有一天，炎帝和麻婆娘娘驾着白鹤在山间遨游，路途劳累，便停留在一个不知名的小山坳上想稍做休整，只看见地上躺了不少人，横七竖八的，其中大多数是老弱病残之人。二人仔细一瞧，发现地上所躺之人都浑身抽搐并口吐白沫。两人很是疑惑，炎帝便用脚踹踹土地，叫来了土地公进行询问。

原来前几天从西天来了一个魔鬼，魔鬼想把小山坳占为己有，便撒下了一些既不像洋芋又不像芋头的黑黑的果子。村民们饥饿难耐，以为是神灵大发慈悲，就饥不择食地纷纷吃了这些果子。没想到几个时辰后竟毒发倒在了地上，幸好碰见了炎帝夫妻二人。

夫妻二人心存善念，自然不会坐视不管。土地公又说：“我悄悄询问过一位过路仙人，这魔鬼撒下的黑果名为魔芋，魔芋本身是有毒的，食用之后会浑身抽搐、口吐白沫。但是若在魔芋上加入一种药经过炮制熟透再食用，对人体就会有一定的好处，会有饱肚、养颜、清肠、解毒之功效。但秘方在魔鬼的手里，他肯定是不肯拿出来的。”

夫妻二人听闻这些话，便拿起武器与西天魔鬼大战三百回合，抓住了魔鬼，并得知碱水便是秘方。二人当即在小山坳里砌了七星灶，砍来了栗木柴，取来了西天焚水，在焚水中将魔鬼煮上七七四十九天，终于将魔鬼烧成灶灰。将灶灰泡成碱水，用来煮魔芋，麻味没有了，也不涩嘴、麻舌头了。村民们吃起来都说是人间难得的美味。麻婆娘娘心地善良，将碱水的制作方法送给人们。

世人为纪念麻婆娘娘的功绩，尊称麻婆娘娘为灶神婆，给她在小山坳里专修了一座“麻婆娘娘寺”，并在寺前支起高达数百丈的三个巨型石凳子，迎接麻婆娘娘闲暇时回大地省亲。

果胶

洞庭贡橘拣宜精，太守勤王请自行。
珠颗形容随日长，琼浆气味得霜成。
登山敢惜驽骀力，望阙难伸蝼蚁情。
疏贱无由亲跪献，愿凭朱实表丹诚。

——《拣贡橘书情》（唐）白居易

一、物种本源

来源及分布

果胶（Pectin）的主要来源是柠檬、橘子、柚子的果皮，因此盛产柠檬、柑橘的浙江、湖南、广西、江西等地也是果胶的盛产地。

富含果胶的水果

形态特征

果胶是一种主要存在于水果和一些根菜的软组织中的没有确定形状的黏稠状液体，多为黄色或浅灰色，口感较为黏稠，入口后微酸甜并且有独特香气。

其他特征

果胶没有固定的溶解度和熔点，但它能溶于体积为其20倍的水中，形成黏稠状液体，加入砂糖后溶解度会增大。果胶的吸水性与离子交换能力很强，因此它形成胶冻的能力很强，常被用于制作果冻、果酱等。

二、主要成分

果胶由半乳糖醛酸构成，是一种包括很多种甲基化的果胶酸的多糖混合物。果胶分为很多种，但它们的共同特点是都含有一定剂量的半乳聚糖、阿拉伯聚糖和果胶酸甲酯。根据其结构中甲氧基含量的多少，可将果胶分为高甲氧基果胶、低甲氧基果胶两种类型。

三、食材功能

食用功能

（1）增稠剂

果胶能起到增稠的作用，主要原因是果胶有非常好的胶凝性，当水溶液中的果胶含量达到3%时，就会发生胶凝。

果胶溶液

（2）乳化剂

果胶可以吸附在油-水界面上，降低油-水界面张力，还能在液珠表面产生一层高强度的保护膜，从而达到乳化的目的。

（3）稳定剂

果胶中含有许多容易发生水化作用的亲水基团，能够形成相对稳定的分散均匀的高黏度体系，所以在食品中可作为稳定剂发挥作用。

医学作用

果胶是一种营养价值很高的水溶性膳食纤维，其独特的结构特性能有效吸附重金属和毒素等物质。其黏度大，具有促进肠胃蠕动的功效。其作用机制是肠道中的大肠杆菌菌群能将果胶发酵变成短链，从而使肠道中的pH降低，将有害菌杀死，同时促进了有益菌的大量繁殖。

现今，果胶已经被大量应用于国内保健品与药物中，例如有通便润肠作用的果胶类胃药，以及用于吸附体内重金属的益多元等。

除此之外，它还有促进营养成分加快吸收的功能，同时有防治糖尿病、肥胖症、腹泻的作用。它会形成一种保护膜附着于伤口表面，以此促进伤口的愈合。

四、加工及使用方法

加工

用于提取果胶的原料为柠檬、柚子、橘子等水果的果皮，经过一定步骤的加工，制成可作为食品添加剂的果胶。

（1）酸提取法

作用机制是利用果胶在稀酸溶液中能水解，将果皮中的原果胶质水解成为水溶性的果胶，经沉析将果胶分离。常用来加工的是亚硫酸。由于这种酸水解的不足导致了果胶的品质不足，所以一般与离子交换树脂的方法结合使用。这种方法可以加快原果胶的溶解，从而提高了提取质量及产率。

（2）醇沉积法

作用原理是由于果胶不能在醇类试剂中溶解，因此可利用大量的醇，产生醇-水混合剂沉析果胶。其基本步骤为预处理—酸液萃取—过滤—浓缩—乙醇沉淀—过滤—低温干燥—粉碎、标准化—成品果胶。

（3）多价金属盐沉积法

在果胶液中添加定量的氯化铝、氯化铜或氯化镁，通过使用氨等物质来调节pH，使它们形成碱式金属盐，然后和果胶结合形成络合物沉淀出来，最后再通过脱盐漂洗和干燥等过程制得成品果胶。

使用方法

（1）将高甲氧基果胶添加在面团中，能够增加面团的量，同时还能改善面团的柔软度和新鲜度。

（2）在饮料中加入果胶，可以在不改变饮料口感的同时降低饮料的甜度，满足健康人群需求。

（3）果胶常用于制作果酱、软糖、冷饮等食物，加入的量为果酱中加入0.2%，软糖中加入0.1%~0.2%，冷饮中加入1%。

果胶粉

五、食用注意

果胶在果蔬汁中使用量的最大限度是3.0克/千克。

传说故事

清代咸丰年间，每到炎夏季节，农家常用一种树叶来制作“豆腐”。这种树叶做成的“豆腐”，乡下叫神豆腐或观音豆腐。传说是观音菩萨在灾荒之年点化穷人，用这种树叶制作豆腐充饥度荒的。

能采叶制作神豆腐的小树是一种灌木，属于马鞭草科植物，俗称“斑鸠柞”，杂生于沟边地旁的灌木荆棘丛中。其干如荆条，质脆而易折；枝桠互生，甚有规律；叶呈心形，碧绿细嫩。

乡间农妇常在劳作回家途中，连枝带叶信手撅回一束，摘下叶片洗净，放在盆中用手揉成糊浆，倒入铺上几层干净棕片的筲箕之中过滤，点入澄清了的适量草木灰水搅匀，片刻，便神奇般地成了一盆颤摇摇、绿幽幽的“豆腐”。而后，用菜刀横竖划成方块，浸入挑来的冰凉的山泉水里，待做上一碗拌有蒜泥、辣椒和其他佐料的蘸水，用漏瓢捞上一碗，就可以一块一块地蘸着吃了；也可以盛上一碗，淋上蘸水，用小匙舀着吃。

神豆腐细嫩，晶莹如玛瑙，带着斑鸠柞树叶特有的清香，吃起来煞是可口，可与粮食做成的凉粉媲美。据有关资料记载，制作神豆腐的斑鸠柞叶片含果胶高达30%，是其能制作“豆腐”的主要因素。因此，这种树叶是提取果胶的理想材料之一。这种树叶含蛋白21%左右，居目前已知高等植物叶蛋白量之前列；还含17种氨基酸，其中天冬氨酸、谷氨酸、甘氨酸、丝氨酸、苏氨酸、赖氨酸等含量较高，是不可多得的保健食品原料。药性分析表明，斑鸠柞叶还能医治痢疾、毒蛇咬伤、无名肿块、酒后头痛等症，具有清热解毒、开胃生津、明目去火、强筋健骨的功能。

凉粉草

虽无芳草醉人香，但得仙家益寿长。
叶叶神奇熬一味，炎炎酷暑送清凉。

——《凉粉草》（现代）吴爱芹

一、物种本源

名称

凉粉草（Mesona Blume），又名仙草、仙人冻或仙人草。

凉粉草粉末

来源及分布

广东各地盛产凉粉草，其中广州市增城区派潭镇所产的尤为出名，其不仅品质优良，色泽十分好看，而且出胶率还很高，故有“增城三件宝，荔枝、乌榄、凉粉草”的说法。

形态特征

凉粉草是一种唇形科植物，茎下部伏地，上部直立，叶片为卵形或卵状长圆形，顶端稍钝，底部逐渐收缩成柄状，边缘有小锯齿，两面均有疏长毛；着生于花序上部的叶较小，呈苞片状，卵形至倒三角形，基部常带淡紫色，结果时会脱落。

二、主要成分

凉粉草的主要成分为黄酮类、酚类、萜类、鞣质、氨基酸、多糖等，还从其中分离出齐墩果酸、槲皮素。

凉粉草含有凉粉草多糖，水解可得葡萄糖、半乳糖、阿拉伯糖、木糖、鼠李糖、半乳糖醛酸以及五环三萜酸等。

三、食材功能

食用功能

凉粉草常用来制作凉粉，冷却后成为黑色胶状物，可消暑解热。

医学作用

（1）提高免疫力

食用凉粉草可以提高人体免疫力，因为凉粉草中含有多糖，多糖具有提高人体免疫力的功能。

（2）清热解毒

古时候凉粉草就被用来清热解毒，因为凉粉草中含有香精素，香精素有镇静、清热、解毒、利水的功效。

（3）治疗糖尿病

全草煎服，对于治疗糖尿病有一定的作用。

凉　粉

四、加工及使用方法

加工

凉粉的制作步骤：

（1）首先用清水反复冲洗大米，将清洗干净后的大米放置于干净的容器中，再向容器中加入一定量的清水没过大米，浸泡大米4小时以上，将浸泡后的大米研磨成米浆。

（2）将凉粉草充分冲洗干净，放适量水于锅中煮烂。

（3）用过滤袋将煮好的凉粉草过滤并挤净，得到滤液。

（4）将滤液倒入大锅中加满水，用大火煮沸。

（5）等锅中水沸腾后，将大火转为小火，同时将已经研磨好的米浆放入锅中，倒入的过程中需要不停地搅拌。30分钟后，若液体冷却后成为固体则表示制作成功，可以起锅。

（6）凉粉起锅后，将其放入盘子中让其彻底冷却，最终得到的成品外观晶莹剔透，口感具有弹性，食用时可以加入一定量的白砂糖或蜂蜜，风味更佳。

使用方法

（1）凉粉草可用于制作凉茶饮料，这种凉茶饮料清香纯正，风味独特、清凉解暑、十分爽口。

（2）凉粉草用来制作烧仙草（一种冷饮制品），深受广大民众喜爱。

五、食用注意

（1）通常凉粉草不适合饮酒后食用。

（2）从食物属性上看，凉粉草是一种寒性食物，不宜与热性食物同时食用。但如果虚寒体质的人想要食用凉粉草，可以与热性食物搭配食用，以抵消掉寒性。

传说故事

传说明朝年间，兵荒马乱之际，有一户姓梁的人家背井离乡，逃到了广东信宜水口的一个小村子。

这家人所带的口粮都已经吃完了，无奈之下，梁家人向附近人家讨来了半升大米，但这也是杯水车薪，完全不够一家人吃。梁家的主母梁婶没有办法，只得拖着沉重的身子，边走边流泪，走到路边的一个小草丛边。

她席地而坐，随手抓了一把野草就往嘴里塞，嚼着嚼着发现嘴里甘甜，多吃几口竟然有了饱腹感。她重新打起了精神，心里有了个主意，可以让一家人都吃饱。

她采摘了一大捆野草回来，将半升大米浸泡过夜，又向附近人家借来磨石，将野草与大米一起磨成浆，准备煮熟了给家人食用。

不想，这时隔壁人家上门来讨要磨石，梁婶不想让别人看见，于是就把煮好的一盆糊糊藏到了门口小溪的石缝里。

等到隔壁人家回去后，梁婶回到小溪想取回糊糊，没有想到那盆糊糊在冰凉的溪水中浸泡了良久，竟然凝结成了块状。梁婶用勺挑出来一小块品尝，发现入嘴清凉可口、回味甘甜，多吃几块就有了饱腹感。梁婶忙拿给家人食用，结果，个个赞不绝口。

后来，梁家因为发现了这种野草可以用来做食物，他们便大量采集这种野草制作成糕贩卖，才终于在村子里有了安身之地。后人为了纪念梁婶，将这种食物称为“凉粉”。

银杏叶

等闲日月任西东，不管霜风著鬓蓬。
满地翻黄银杏叶，忽惊天地告成功。

——《晨兴书所见》（宋）
葛绍体

一、物种本源

名称

银杏叶（Gingko biloba），又名羊胡须草、白果叶、公孙叶、鸭脚子、飞蛾叶、蒲扇、白果树叶。

来源及分布

银杏叶全国大部分地区均有产，主产地为江苏、河南、山东、四川、广西等省区，其中江苏省银杏叶量大、质优。

形态特征

银杏叶颜色多为浅棕黄色或者黄绿色，形状多为扇形，小部分为倒三角形或者箭形。叶面上方为不规则的波浪状边缘，二叉状平行叶脉的位置容易被撕裂，有的叶片中裂，有的深裂会达到叶片的基部。银杏叶的裂缝深度和宽度，与其种类、生长环境以及年龄等相关。

二、主要成分

银杏叶的主要成分为酸类化合物、黄酮类化合物和苦味质。其中酸类化合物有毒八角酸、白果酸以及D-糖质酸，黄酮类化合物有银杏双黄酮、去甲基银杏双黄酮、异银杏双黄酮、芸香甙、山柰素、槲皮素、山柰素-3-鼠李糖葡萄糖甙、鼠李素以及异鼠李素等，而其中的苦味物质包括银杏内酯A、B、C和银杏新内酯A。除此之外，银杏叶中还含有白果酮、白果醇、廿八醇、廿九烷、α-己烯醛、β-谷甾醇、豆甾醇及维生素等物质。

三、食材功能

食用功能

银杏叶提取物具有清除脂质自由基、脂质过氧化自由基和烷基自由基等作用，还能终止自由基连锁反应链，调节和提高过氧化物歧化酶、谷胱甘肽过氧化物酶等抗氧化酶的活性。

医学作用

银杏叶提取物

（1）银杏叶中的主要成分黄酮甙、氨基酸以及氨基酸合成胶原蛋白等，可以有效降低黑色素的生长速度，达到提高皮肤光泽度的效果。这是因为这些成分可以有效保护真皮层细胞，加快血液循环速度，从而防止细胞进一步被氧化而产生皱纹。

（2）银杏叶可以降低人体内血液中的胆固醇含量，中老年人食用后可有效缓解轻微活动后产生的心律不齐、胸疼气闷等不良反应。

（3）银杏叶可使血液流通量变大，从而改善心血管循环，使血管的通透性以及弹性增强，使血压降低；同时，在缺氧的情况下可以有效保护脑部细胞。

四、加工及使用方法

加工

（1）有机溶剂提取法

使用质量分数为70%的乙醇作为萃取剂，提取温度为90℃，料液比

成熟银杏叶

为1：20，提取次数为3次，每次回流时间为1.5小时。

（2）酶提取法

银杏叶原料经纤维素酶预处理后进行浸提。

（3）超声波提取法

超声波处理银杏叶，破碎细胞膜，促进有效成分溶出，其最佳工艺条件为超声频率40千赫，超声处理时间为55分钟，温度35℃，静置3小时。

使用方法

（1）制成茶叶：首先摘取银杏幼树主干或侧枝中部的绿叶，清水清洗后，摊开晾干。然后加热干净无异味的铁锅到锅面呈灰白色，迅速加入绿叶后盖锅盖，当锅口有蒸汽时就揭盖，用双手迅速翻抓绿叶，使之受热均匀。等叶片没有青草味，变成没有光泽的黑绿色时，将叶片握成团出锅，放在席子上揉搓后晾晒。最后将锅加热，加入处理后的叶子反复翻炒，炒至叶烫手的时候取出冷却即成。

（2）做养生枕头：以银杏叶为主，辅以野菊花、石菖蒲等中草药一起晒干作为填充料制成。这种枕头香气独特、温和且久久不散，闻之能缓解疲劳，有安神明目、活血通络的功效，能辅助治疗失眠、头痛以及高血压等疾病。

银杏茶

（3）银杏叶中的黄酮类化合物具有抗氧化特性。银杏叶被加工成超细粉末，可以作为抗氧化剂添加到油和糕点中，并且可以加工成保健食品。

五、食用注意

（1）未经加工的新鲜银杏叶含有高浓度的单宁质，过量食用容易中毒，所以银杏叶不宜直接食用。

（2）银杏叶含有的有毒物质银杏酸是水溶性的，若直接用于泡茶喝，剂量过大时会引发肌肉抽搐、神经麻痹以及瞳孔放大等副作用。

（3）孕妇、老人与儿童不宜食用。

传说故事

在泰兴古银杏森林公园，有一株雄性银杏树被当地人称为“银杏皇帝”，据说是抗金英雄岳飞所栽。

当年，岳飞在扬州、泰州一带抗击金兵。因为连年战争，民不聊生，百姓流离失所。当地的许多青壮年男子被金兵掳去做了奴隶。岳飞经过泰兴的张河、毛群、纪沟等村庄时发现此地土地荒芜，村中皆是妇孺，不见男丁。岳飞感慨万千，并立下大志，一定要将金兵逐出大宋疆土，于是日夜操练军队。

不久，金兵化装成村民，在宋军驻扎地的河中投毒，岳家军及村民们饮用了河水后变得浑身无力，精气全无，完全丧失了战斗力，岳飞找了许多名医皆无办法。

一日午夜，岳飞巡视完部队后昏昏欲睡，梦见一老者在河边钓鱼，岳飞上前告诉老者河水有毒，老者听完哈哈大笑，说：“此乃仙女河，我自有解毒之法，而且此法就在你手中。”岳飞正要上前请教，老者却飘然而去。

岳飞从梦中醒来，发现手中有两颗金灿灿的种子，于是就将种子种在了河的两岸。

神奇的种子立刻长成了两株大树，一棵挺拔遒劲（雄树），一棵亭亭玉立（雌树）。岳飞让人将雄树上的花和叶撒入河中，让士兵饮用河水，士兵们顿时体力大增，精气十足；村民食用雌树上的果实后身强体健、百病全无，于是就将这两棵树叫作银杏树，把这条河称为“仙女河”，现在又改为“仙脉河”。

这棵雄性银杏树躯干挺拔，树形优美，距今有近千年的历史。后来在民国初期被雷电击中，逐渐枯萎。据当地老人说，虽然古树枯死，但它的龙脉未断，第三年的春天从枯干中生长出一株新枝，也就是现在所看到的“银杏皇帝”。

现如今这棵树有二十几米高，刚劲挺拔。每年谷雨前后，其花粉能飘散方圆数百里。

迷迭香

播西都之丽草兮，应青春之凝晖。
流翠叶于纤柯兮，结微根于丹墀。
信繁华之速实兮，弗见凋于严霜。
芳暮秋之幽兰兮，丽昆仑之英芝。
既经时而收采兮，遂幽杀以增芳。
去枝叶而特御兮，入绡縠之雾裳。
附玉体以行止兮，顺微风而舒光。

——《迷迭香赋》（三国）曹植

一、物种本源

名称

迷迭香（Rosmarinus officinalis），又名艾菊、海洋之露。迷迭香属于唇形科，迷迭香属，是一种常绿类小灌木。

来源及分布

迷迭香主要分布在气候较为温暖潮湿的环境中，最早产于欧洲地区以及非洲北部的地中海沿岸。历史上在曹魏时期传入中国，并广为种植。

迷迭香精油

形态特征

迷迭香植株一般高约1米，幼枝分为四棱，植株之间排列较为紧密，植物上带有小密毛。其叶片相对而生，无明显柄枝，表面呈现深绿色，叶片表面光滑且背部有小茸毛。其花为两性，短花茎成对而生长，萼钟形，双唇，上唇为全缘，下唇为二裂，而其花冠长度为花萼的3倍，可孕性雄蕊可以伸出花瓣外。迷迭香的花瓣多呈淡蓝色，小部分呈白色或者粉色。春季为其花季，花开时伴有浓郁香气。

二、主要成分

迷迭香成分复杂，主要含有木樨草素-7-葡萄糖甙、芹菜素-7-葡萄糖甙、5-羟基-7-二甲氧基黄酮、迷迭香碱、异迷迭香碱、鼠尾草酸、鼠尾草苦内酯、熊果酸、2-β-羟基齐墩果酸、表-α-香树脂醇、α-香树脂醇、白桦脂醇、β-香树脂醇、19-α-羟基熊果酸等以及β-谷甾醇，而它的枝叶中含有抗菌作用的挥发油。

三、食材功能

食用功能

食用香料：迷迭香带有十分浓郁的香味，是一种天然香料添加剂。迷迭香具有类似松木的甜美木质香气和味道，通常用于牛排和土豆等菜肴以及烘焙食品中。如果菜品需要长时间加热，通常会使用香味比较浓郁的香料，比如迷迭香粉。迷迭香粉一般在烹饪后添加。在准备色拉调味料时，也可以将其用作香草色拉调味料。将迷迭香浸入葡萄醋中，可用作法式长棍面包或蒜蓉面包蘸酱。

迷迭香叶有茶的香气，味道辛辣，偏苦。

迷迭香叶

医学作用

（1）健胃，有益消化

对于迷迭香的作用，《中国药植图鉴》记载：强壮，发汗，健胃，安神，和硼砂混合做成浸剂，可防止早期脱发。迷迭香也有良好的保健功能，对消化不良和胃痛有一定作用。将其压碎后，浸泡在沸水中，每天饮用两到三次可达到镇静和利尿的目的。它也可以用于治疗失眠、心慌、头痛和消化不良等疾病。

（2）提神作用

迷迭香具有提神作用，迷迭香茶具有提神的香气，可以增强大脑功能，改善头痛，增强记忆力。需要加强记忆力的学生也可以多喝迷迭香茶。

（3）降血糖作用

迷迭香可以缓解语言、视力、听力障碍，提高机敏性，治疗风湿痛，增强肝功能，降低血糖水平，有助于四肢瘫痪患者的康复。

四、加工及使用方法

加工

把新鲜采摘的迷迭香植物悬挂在沸水上，水蒸气将迷迭香精油从植物中熏出。而上升的蒸汽被捕集在容器中并向下流到管子里。此时，热蒸汽被迅速冷却并再次冷凝成水。这样便将迷迭香精油与水分离并收集了迷迭香精油。

迷迭香香料

使用方法

（1）制备花茶：迷迭香适量，沸水约400毫升，蜂蜜或砂糖根据需要适量添加，冲泡三到五分钟后饮用。

（2）迷迭香和百里香都经常在西餐中用作香料，尤其是在烹饪牛排、土豆和其他烧烤产品中。

（3）迷迭香被广泛用于烹饪，新鲜的枝叶具有强烈的气味，可以消除肉的腥味。如果在烘烤时添加迷迭香的叶子，例如烤猪排、羊排、牛排等，则很容易在菜中加入特殊的气味。对于需要长时间烹饪的菜肴，可以在烹饪后添加少许迷迭香粉。

五、食用注意

幼儿、孕妇不宜食用。

传说故事

传说在唐朝时期，有艘船遭遇飓风被冲到南海边一个荒芜的小岛上。

船长和船员们从昏迷中醒来以后，发现自己落入了小岛的森林中，找不到出路。他们的食物和淡水都非常短缺，一天又一天，所有人都放弃了求生的念头。

这时，年轻的船长闻到一种奇特的香味远远飘来，他沿着香味的方向走去，看见了一棵迷迭香和一位美丽的仙子正吹着长笛，他被这位仙子深深地吸引住了。

仙子也发现了他，问他为何来此。船长把他们的遭遇一一述说给仙子听。仙子答应帮助他们离开这里。于是他们在仙子的帮助下找到出路，并动手制造新船。

仙子和船长相爱了，但是仙子不能离开小岛，否则就会受到上天的惩罚，他们必须分开了。

仙子告诉她心爱的人："我会一直守护着你，直到永远。"

十年后，船长在一次出海时再次遇到了大的风浪，所有船员都惊慌失措，突然海上出现了一道光芒，船长指挥船向着光芒驶去，船长和船员们得救了。

船长发现发出光芒的正是那个小岛，他在当初他们相遇的那棵迷迭香那里又看见了她。仙子为了救船长用尽了全身的力气，在船长的怀中化成缕缕光芒。船长带着迷迭香回到了自己的故乡。从此，他的故乡种满了迷迭香。

当外出的船迷失方向时，水手们可以凭借迷迭香浓浓的香气来寻找陆地的位置，因此，迷迭香也有"海上灯塔"之称。

柠檬酸

红尘取此古来多，天予精华耿不磨。
省识真源通理性，可将世味细调和。

——《柠檬酸》（现代）李伟

一、物种本源

名称

柠檬酸（Citric acid），又名枸橼酸。

来源及分布

天然柠檬酸在大自然中分布十分广泛，既存在于植物中又存在于动物中，例如柠檬、西柚、葡萄等水果和动物的骨骼、肌肉、血液中都有天然柠檬酸的存在。

青　柠

形态特征

一般在室温条件下，柠檬酸为无色半透明晶体、白色颗粒或白色结晶性粉末，有十分明显的酸味和轻微涩味，并无明显臭味。

其他特征

柠檬酸有轻微腐蚀性，通常会生成结晶水化合物，尤其是在潮湿的空气中会有微弱的潮解性。因此，柠檬酸通常会以无水化合物或者一水化合物的形式存在，即柠檬酸在热水中结晶会生成无水化合物，而在冷水中结晶则会生成一水化合物。

柠檬酸粉末

二、主要成分

柠檬酸结构中包括3个羧基（R—COOH）基团，可以解离出3个H^+，是一种有机酸。从结构上讲，柠檬酸是一种三羧酸类化合物，与其他羧酸有相似的物理性质和化学性质。加热至175℃时，柠檬酸会分解，产生二氧化碳、水和一些白色晶体。

三、食材功能

食用功能

（1）助消化

食用柠檬酸可以增强食欲，增强人体正常代谢，改善消化不良的症状。其原理在于人体摄入柠檬酸后可以促进胃液分泌，而胃液是消化胃内食物的主要成分，所以柠檬酸可以助消化，同时增强人的食欲。

（2）保鲜剂

柠檬酸可以延长食品的货架保存期，尤其在速冻产品中表现了良好的抗氧化性能，其原理在于柠檬酸可以有效抑制酶的活性。

（3）酸度调节剂

柠檬酸可以调节食品的酸碱度，改善产品的味道，一般广泛应用在一些水果罐头、饮料和果酱中。

医学作用

（1）杀菌

柠檬酸在80℃条件下可以有效消灭细菌芽孢，同时也可以有效杀灭血液透析机管路中污染的细菌芽孢，因此在医学上，柠檬酸会被用作杀菌剂。

（2）抗凝血作用

柠檬酸可以用作体外抗凝药物，其原理为钙离子在凝血过程中必不可少，而柠檬酸根离子可以与钙离子结合生成一种难于解离的可溶性络合物，从而减少了血液中钙离子的含量，有效阻止了血液凝固，因此柠檬酸在输血或者实验室血样抗凝时起到了积极的作用。

四、加工及使用方法

加工

柠檬酸的生产加工方法通常分为两步：一是通过微生物发酵法得到原始柠檬酸发酵液，二是采用钙盐法提取柠檬酸。

柠檬酸在工业上通常采用微生物发酵法来进行大量生产，原理为黑曲霉能通过发酵含有淀粉的物质来产生一定量的柠檬酸，因此通常选用淀粉含量高的食物来进行发酵得到柠檬酸，例如玉米、甘薯、木薯等。对于发酵生产柠檬酸原料的选择，南北方也有一定的差异，通常在南方地区大多选择木薯作为发酵原料，而在北方大多选用甘薯作为发酵原料。当前还有很多科研工作者选用秸秆、玉米粉、稻米等来充当发酵原料，这些原料的选用可以有效降低生产成本，同时降低生产过程中废弃物的排放量，既经济又环保。

柠檬酸凝胶

发酵这一步骤是柠檬酸生产过程的核心步骤。其中菌种、工艺和原料等因素都会对发酵过程造成很大的影响。首先，菌种的选择十分重要，一般从土壤或者已经腐烂的水果中通过物理方法和化学方法筛选出优势菌株。其次，对发酵工艺中各环节的把控，例如发酵温度、pH、氧气等。等到发酵结束后，还需要对得到的液体进行一系列的提取和纯化。

目前，国内大部分企业提取柠檬酸的方法是传统的钙盐法（碳酸钙中和及硫酸酸解的工艺）提取。因为钙盐法的原理十分简单，而且操作工艺流程也十分成熟；但不足之处在于提取过程中劳动强度大，而且在提取过程中使用了强酸并会伴有各种废弃物的排除，与现代环境友好观念不符。此外，钙盐法提取柠檬酸的收率不高，通常条件下大约在70%，为了解决传统钙盐法的环境污染严重、生产成本高、产品质量不高等问题，大量科研工作者对该提取工艺进行改良，目前最常用到的方法有萃取法、电渗析法、离子交换法、吸附法、膜分离法、超滤法等，但大部分方法仍处于实验室研究阶段，并未在实际生产中应用。

使用方法

（1）将一定量的一分子结晶水柠檬酸加入汽水、葡萄酒、果汁、乳制品等食品中可以调节风味。在固体饮料中通常会选用无水柠檬酸。

（2）将一定量的柠檬酸加入食用油中可以起到防止油脂腐败的功效，同时柠檬酸也可以有效改善食品的感官性状，从而能增强人的食欲并促进人体内钙、磷物质的消化吸收。

五、食用注意

（1）柠檬酸是最常见的食用酸之一，不会对人体造成直接的伤害，但它可能会导致人体内钙的排泄和沉积，如果长期食用的食品中含有大量的柠檬酸，则可能会导致人患上低钙血症或者十二指肠癌。

（2）大量食用饮料、罐头和果酱的人尤其是儿童，要多补充含钙的食物，尽量避免血钙不足而导致的各种疾病。

（3）胃溃疡、胃酸过多、龋齿和糖尿病患者不宜经常食用柠檬酸。

（4）纯牛奶中不宜添加柠檬酸，柠檬酸与牛奶结合会导致牛奶凝固。

（5）柠檬酸盐可作为酸碱度的缓冲剂或者在乳制品中作为络合稳定剂，其用量参考值为0.1%～0.5%。其他参考用量，如清凉饮料为0.1%～0.3%，在一些果汁制品、冷饮或糖果中的参考用量约为1%。另外，糖水罐头中常用柠檬酸来改进风味，防止制品变色和抑制微生物生长，添加用量为橘子0.1%～0.3%，梨0.2%，荔枝0.15%。蔬菜罐头中柠檬酸的添加量为0.2%～1%。柠檬酸作为抗氧化剂在食用油中的添加量一般为0.001%～0.05%，而作为稳定剂在乳制品中的添加量一般为0.2%～0.3%。

传说故事

一位彭姓道人一生清苦，寿终正寝之前，仍然耳聪目明，思维敏捷，语言清楚，其奥秘在哪里呢？传说这和柠檬有很大关系。

道人云游到四川青城山。为了给百姓治病，他每天都要攀缘在悬崖峭壁采集药材。一天，他在采药时发现一只浑身雪白的老狐病卧在一个岩洞中。走近抚摸、查看，它全身没有骨折和伤痕，但左侧前后两腿没有了知觉，不能动弹。道人说："难道你也像老年人害了眩晕症，中了风，患了'半边瘫'不成？"只见那老白狐连连点头。再看看洞穴里还有拉肚子的排泄物。道人又说道："难道你也会害肠胃病？"那白狐又点了点头。他坐在洞穴附近的大石上，寻思着用什么药去给那白狐治病。忽听上空有"嘎嘎"叫，抬头一望，原来是一只白鹤掠空而来，嘴里叼着个什么东西。白鹤把叼来的东西放进洞后，又腾空而去。

自那之后，道人每天去看望那只白狐，给它带去药物。那白狐的病竟然一天天好了起来，而那只白鹤仍在不停地叼来东西。到了七七四十九天再去，那里已是狐去洞空，白鹤也不见了踪迹。他送去的所有药物原封不动地堆在那里。再仔细查看，洞中还残留下一些白鹤叼来的"仙药"——一个个黄澄澄的从未见过的果子，品尝一下略带酸苦，但立刻酸中呈甘，苦中回甜。他明白了，是白鹤叼来的这种奇异的"仙果"治好了白狐的眩晕和肠胃病。

一个晚上，道人正在修炼，觉得有些疲惫，刚一合眼，只见那只仙鹤从天而降，变成一个身着白衣的仙女。仙女对他说："我见你心洁似冰，特来点化于你：要寻仙果回家园，眩晕、肝肾胃不健，此果除病济人难。”道人惊醒。

道人回家乡去寻“仙果”。果然看到满坡满岭长了不少果树，树上挂满了黄澄澄的果子，正是那梦寐以求的仙果。一打听，才知道这仙果叫“柠檬果”。道人把摘回的柠檬果切成片，用白糖腌制在一个瓷坛里，每天舀上几片泡在开水里当茶喝。喝后，倍感神清气爽，浑身有劲。所以，他年年都要采来新鲜柠檬果如法制作，既为己用，也为别人治病。

柠檬中含有丰富的柠檬酸，被誉为“柠檬酸仓库”。它的味道特酸，故作为上等调味料，用来调制饮料菜肴、化妆品和药品。此外，柠檬富含维生素C，能化痰止咳，生津健胃。用于缓解支气管炎、百日咳、食欲不振、维生素缺乏、中暑烦渴等症状。

叶酸

酸由物脏果蔬寻，炼就橙晶已若金。
备孕屡消贫血事，培珠常慰避畸心。
天生妙品扶平朴，技制仙方寄热忱。
蓄养精华凭日月，一朝萃取报佳音。

——《叶酸》（现代）李云付

一、物种本源

名称

叶酸（Folic acid），因在植物的绿叶中含量十分丰富而得名，曾用名维生素M、维生素B_9等。

来源及分布

新鲜的水果、蔬菜、肉类食品中都含有大量的叶酸。

形态特征

叶酸通常为淡橙黄色薄片或结晶状。

富含叶酸的菠菜

其他特征

叶酸，易溶于稀盐酸、硫黄，不溶于乙醇、丁醇、醚、丙酮、氯仿和苯等有机溶剂。叶酸可以在空气中保持稳定，但受紫外线照射后便会分解失去活力。叶酸在酸性条件中对温度敏感，但是对于碱性或者中性条件下的高温依然保持稳定状态。

二、主要成分

叶酸由蝶啶、对氨基苯甲酸和L-谷氨酸组成，也叫蝶酰谷氨酸，它是B族维生素的一种。叶酸一般分为天然叶酸和合成叶酸两种。天然叶酸通常分布于大多数动植物类食品中，例如酵母、动物肝脏及绿叶蔬菜。虽然大多数的食物中含有丰富的叶酸，但是天然叶酸的稳定性差，在高温和紫外线条件下容易氧化分解，因此人体很难从食物中吸收有效叶酸。叶酸的生物利用率大约在45%。虽然天然叶酸稳定性差，但合成的叶酸有绝佳的稳定性，而且相比于天然叶酸，人体的吸收度和利用度也更佳。

三、食材功能

食用功能

叶酸是营养强化剂之一，通常会在食品中添加一定量的天然叶酸或者人工合成叶酸来增加食品的营养成分。

叶酸粉

医学作用

（1）能有效预防婴幼儿的神经管畸形，包括脊柱裂和无脑儿等十分严重的疾病。

（2）有助于降低胎儿一些缺陷的生成，比如在新生儿中较为常见的唇腭裂和心脏类缺陷疾病。

（3）对于孕妇来说，叶酸可以预防人体贫血，人体需要通过叶酸来生成正常的红细胞。

（4）叶酸对于细胞和DNA的基本结构都十分重要。因此，怀孕期间补充足量的叶酸有利于胎儿的发育和健康成长。

（5）服用含叶酸的多种维生素，会降低孕妇患先兆子痫的风险。

四、加工及使用方法

加工

通过1，1，3-三氯丙酮、N-（4-氨基苯甲酰基）-L-谷氨酸和2，4，5-三氨基-6-羟基嘧啶硫酸的反应制备粗制叶酸。通过酸沉淀和碱纯化获得纯产物。将从粗制叶酸的制备中获得的母液进行真空蒸馏，以获得含有1，1，3-三氯丙酮的水溶液。母液可循环使用10次以上，平均收率为65.2%，含量为97.8%～98.6%。

使用方法

正常情况下，孕妇对于叶酸的需求量比普通人的需求量高很多，大约是普通人需求量的4倍。因为妊娠前期是胎儿器官系统分化和胎盘形成的最为关键的时期。在这一点上，叶酸含量不足则容易影响胎儿的正常发育，从而导致胎儿畸形，包括无脑儿、脊柱裂等，还容易引起孕妇早期自然流产。在妊娠中期和晚期，叶酸不仅参与胎儿的生长发育，还参与孕妇的血容量、乳房和胎盘的发育，这些大大增加了对叶酸的需求。

叶酸缺乏会导致孕妇胎盘早剥、妊娠高血压综合征和巨红细胞贫血的发生，胎儿容易出现宫内发育迟缓、早产、出生体重过轻等情况，影响出生后婴儿的生长发育和智力发育。

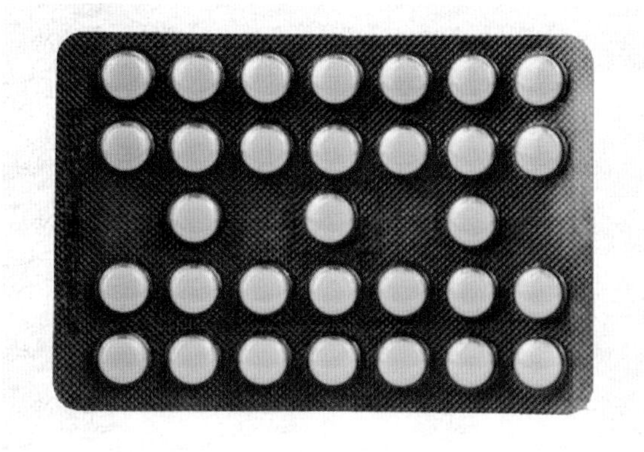

叶酸片

备孕的妇女应该在怀孕前每天服用400微克的叶酸。美国科研人员发现，怀孕早期服用叶酸补充剂的女性生下的宝宝患唇腭裂的可能性较小。此外，孕妇在怀孕期间正确服用维生素也很重要，因为复合维生素和矿物质对预防婴儿的大脑和神经缺陷十分重要。一般来说，婴儿、青少年、孕妇容易受到叶酸缺乏的危害，但其实男性也是需要适当补充叶酸的。假如男性体内叶酸水平低，会使精液中携带的染色体数量出现异常，即使卵子正常，也有可能导致胎儿缺陷。

五、食用注意

（1）一般正常人叶酸的需要量为200~400微克/天。世界卫生组织建议成人至少为200微克/天，孕妇和哺乳期妇女为400微克/天。

（2）叶酸服用量不宜过多，否则会诱发癫痫。

延伸阅读

出生于美国纽约的维克多·赫伯特（Victor Herbert）在经历了父亲战死、母亲病逝，过了六七年寄人篱下的生活，又从军两年后，重回大学，他通过勤工俭学，获得了医学博士学位。终于，在1953年，波士顿索恩代客实验室（Thorndike Memorial Laboratory）的负责人威廉·卡塞尔（William Bosworth Castle）向他提供了一个职位。卡塞尔对赫伯特的影响巨大，正是因为他，赫伯特才对叶酸产生了兴趣。

有一次，赫伯特遇到一个奇怪的患者，他患有巨幼细胞贫血病。所谓巨幼细胞贫血，就是红细胞巨大且不成熟，虽然数量不少，但是不能正常工作，从而导致贫血。

原本赫伯特可以直接给患者开一些叶酸，当时已经知道，叶酸可以治疗巨幼细胞贫血。而他偏偏对患者的饮食习惯产生了兴趣。“消化系统正常的人，不会叶酸缺乏。”患者的消化系统是正常的，饮食却十分特殊，几乎都是咖啡、汉堡、甜甜圈，日常摄入叶酸极少。他猜想，如果叶酸主要来源于食物，那么，日常生活中补充叶酸就能预防跟叶酸缺乏有关的疾病，比如巨幼细胞贫血。要想验证这一点也很简单：只要对富含叶酸的食物，如动物肝脏、豆类、水果、深绿叶蔬菜等反复煮，破坏其中的叶酸，看看实验对象会不会患上巨幼细胞贫血就可以了。

一开始，他自己的助手不愿意当小白鼠，大约是此时，他想到了自己的导师——卡塞尔。卡塞尔就曾拿自己当实验品——他发现贫血和消化不良有时成对出现。“既然大家都认为实验有风险，那么就应该由我来承担这份风险。”抱着这样的念头，赫伯特开始了为期六个多月的炼狱生存。蔬菜蒸完又蒸；肉煮了又煮，吃起来都像面糊。单单如此也就罢了，赫伯特还必须证明，在这个过程中，自己的血液系统确实发生了变化、自己的消化系统一直正常。前者，必须定期抽取骨髓；后者，必须定期对肠道进行切片检查。简单来说，就是把一根管子，从喉咙塞进去，一直捅到小肠里，将小肠内皮切一片下来。当时肠镜技术还不成熟，医生多凭经验操作，如果不顺利，只好反复拉扯……

不过，跟最痛苦的事情比起来，这些都不算什么。一天早晨，赫伯特发现自己无法起床。那会已经有一些研究显示，叶酸和神经细胞存在某种关联。“我不是瘫痪了吧？”赫伯特感觉，自己熟悉的一切都在崩塌。

幸好诊断显示他只是缺钾：长时间加工食物，除了会破坏食物中的叶酸，还会破坏钾，而钾是神经系统运作的必要元素。

133天，在失去了26磅（约12千克）体重之后，赫伯特终于出现了巨幼细胞贫血的典型表现——头晕、乏力、面色苍白、精神萎靡。检查显示，他的红细胞果然出现巨幼变。

在付出了巨大的痛苦之后，赫伯特成功证明了自己的理论——叶酸主要来自食物，而他在试验过程中做的各项检查，也为贫血的诊断指出了明路。

苹果酸

志搜赤柰，别样色香宜作绘。
褪了绯青，莫较楂梨总解酲。
日南佳实，入赋巴且芳似蜜。
双胜相兼，东海书来雪尚函。

——《减字木兰花·香蕉苹果》（清末民初）姚华

一、物种本源

名称

苹果酸（Malic acid），又名2-羟基丁二酸。

来源及分布

苹果酸几乎存在于所有植物的果实中，尤其是仁果类果实，含量最为丰富。

形态特征

纯品苹果酸通常状态下为白色结晶体或白色结晶状粉末，并带有独特的、沁人心脾的酸味。

其他特征

苹果酸吸湿性较强，易溶于水、乙醇，不溶于乙醚。

苹　果

二、主要成分

苹果酸最早是在苹果汁中发现并提取出来的，是天然苹果汁酸味的主要成分。苹果酸具有独特的香味与酸味，虽然酸度较强，但具有较高的缓冲指数，因此味道温和适中，而且不会对口腔与牙齿有所损害。苹果酸有利于人体吸收氨基酸，加快新陈代谢，不积累脂肪，且风味独特、有益健康，被生物界和营养界誉为“最理想的食品酸味剂”。

苹果酸结晶体

三、食材功能

食用功能

（1）酸味剂

与柠檬酸相比，苹果酸的酸度更高但味道更加柔和而且具有特殊香味，不会腐蚀损伤口腔与牙齿，在新陈代谢上更加有利于氨基酸的吸收，不易囤积脂肪。自2013年以来，苹果酸正在逐步取代柠檬酸在食品酸味剂中的地位。

（2）发酵剂

微生物对环境的酸碱度十分敏感，如果生存环境中的pH不适宜，则会因为影响细胞表面的带电性质导致膜的通透性能发生变化，细胞代谢发生变化，从而阻碍微生物的生长繁育。另外，苹果酸还可以为微生物提供碳源。因此，苹果酸可以用于酵母生长促进剂等食品发酵剂。

（3）凝胶剂

果胶和糖可以形成凝胶，酸在其中起关键作用。在生产果汁的时候要注意絮凝和凝块的产生，可以通过苹果酸控制果胶是否凝冻，从而达到所需要的状态。因此，人们通常加入苹果酸来制作果酱或果泥。

医学作用

（1）人体能够直接消化并吸收苹果酸，并且消化过程十分迅速，可以即时向人体补充能量，因此可以利用这一功效开发抗疲劳的保健品饮料。

（2）苹果酸可以保证三羧酸循环的正常进行，十分有利于各种营养物质消化吸收。还可以加快人体新陈代谢，促进脂肪的分解和利用，是减肥的健康理想方法之一。

苹果酸片

（3）苹果酸可以调节药物的pH，提高药物在人体中的利用率，促进药物的扩散和吸收，增强药物的稳定性，在复合氨基酸输液中作用明显。另外，苹果酸在治疗尿毒症、高血压等疾病方面效果显著。苹果酸还可以促进伤口的愈合，在治疗烧烫伤方面也有所应用。

四、加工及使用方法

加工

（1）萃取法

榨取未成熟的苹果、桃、葡萄等水果的果汁，煮沸后加入一定量的石灰水。石灰水中的氢氧化钙与苹果酸实现酸碱中和，去除生成沉淀物钙盐，就可得到离子状态的苹果酸。

（2）合成法

将苯催化氧化，得到马来酸和富马酸。然后将它们在180~220℃的高温和1.4~1.8兆帕的压力下水合3~5小时，即可生成大量的苹果酸和少量反丁烯二酸。将苹果酸的浓度调节至40%左右，并将溶液冷却到约15℃，过滤分离反丁烯二酸晶体。最后，浓缩母液，离心分离固体，得到粗苹果酸，再经精制结晶得到成品。

（3）发酵法

反丁烯二酸通过生物酶促发酵产生苹果酸。不论通过发酵还是酶促转化生产苹果酸，都需要进一步提取和纯化以去除杂质并获得纯苹果酸晶体。纯化苹果酸的方法包括钙盐沉淀法、吸附法和电渗析法。

使用方法

（1）苹果酸能够很轻易地溶解黏结在干燥鳞片状的死细胞之间的“胶粘物”。因此，加入了苹果酸的护肤品可以使皮肤变得光洁、嫩白、富有弹性，使肌肤重新焕发活力。

（2）在果味饮料中加入苹果酸，可以增强饮料的酸味，使口感醇厚丰富，更接近天然果汁。与普遍使用的柠檬酸相比，苹果酸所含热量更低，除了已广泛应用于酒类、饮料等饮品中，在果酱、口香糖等多种其他食品中也有添加，并正在逐渐取代柠檬酸在世界食品工业中的地位，发展潜力巨大。

五、食用注意

苹果酸广泛存在于水果（如苹果）和蔬菜中，人体每天通常可摄取1.5～3.0克苹果酸，没有发现苹果酸的毒性或食用后的副作用。

从前，有一个母亲带着三个儿子住在一个山坡上。山坡上什么也种不了，只能种一棵苹果树。而且，这苹果树从来不曾结过果实。

这一年，母亲病了，卧床不起。三个孩子不知如何是好，坐在苹果树下讨论起来：

“怎么办呀？我们没钱给母亲买药啊。”

“是啊，而且买药要去很远的地方，我们根本走不过去呀。”

“你们不要这么沮丧，我想一定会有办法。”

三人正在谈话间，忽然有一个老婆婆走了过来：“我有办法帮你们的母亲治病。”

三个孩子立刻看了过去，“什么办法？”

“你们门前的这棵苹果树是神树，只要你们每天浇水，它就会长出金苹果来。你们的母亲就得救了。”老婆婆说完就走了，也不管三个孩子信不信。

“我看这个婆婆肯定是骗我们的，苹果树跟我们的年龄一样大了，别说金苹果了，连青苹果也没长过。”“是啊，我也不相信，现在没有别的办法了，我们试试吧。”老大老二虽然不愿意，但为了母亲，还是和老三给苹果树浇起水来。到了十天以后，苹果树一点反应也没有，老大不愿意啦，“我不浇了，这苹果树根本不会长苹果。”

又过了十天，老二也不肯给树浇水：“我看老婆婆肯定是骗人的，这棵树那么普通，怎么会长金苹果呢？”

“二哥要坚持到底啊。”

“不要。弟弟，你自己坚持吧。”这样下去，只有老三一个人浇树啦。他每天按时给树浇水，并清理旁边的杂草，这一浇就浇了一年。一年后，树上真的长出一个金苹果。

苹果长出来的一瞬，他们母亲的病好了。可是就在这时，洪水淹了过来。洪水来了，这可怎么办？老三拿出金苹果，金苹果上已经出现一扇门，一家人打开门钻了进去。就这样，金苹果帮助他们躲过了洪水。这以后，老大和老二都向老三学习起来，无论做什么事都坚持到底。

植酸

五谷从来为庶餐，千锤百炼变植酸。
临床欣作防毒剂，亦助果蔬长绿鲜。

——《植酸》（现代）宋秀兰

一、物种本源

名称

植酸（Phytic acid），又名肌酸、环己六醇六全-二氢磷酸盐。

来源及分布

植酸在豆科植物的种子、谷物的麸皮和胚芽中含量最高。

形态特征

液体，颜色透明，呈微黄或浅褐色。

其他特征

易溶于水、丙酮和乙醇，但不溶于乙醚、苯和氯仿。

二、主要成分

植酸是一种天然植物化合物，由Harting在1855年发现，距今已有百年历史。植酸在豆类、谷类、花粉、油料作物、孢子和有机土壤中通常以游离酸、植酸钠、菲汀等形式存在。植酸主要存在于植物中，近年来在哺乳动物细胞和原核细胞中也发现了植酸的存在。植酸主要以磷酸盐和肌醇的形式储存在种子中。在不同植物中，植酸含量也不相同，一般在0.4%～10.7%：

植酸粉末

谷物中植酸含量除精米外为0.50%~1.89%，豆类植物中的植酸含量为0.40%~2.06%，在油料种子（除大豆和花生）中含量为2.0%~5.2%，在蛋白产品中含量为0.4%~7.5%。

三、食材功能

食用功能

（1）抗氧化剂

研究表明，植酸可以有效抑制油脂的氧化水解导致的食物酸败现象，所以常将植酸添加到富含油脂的食品中，延长货架期。对于酱制食品，过去常用硝酸盐进行护色处理，由于其对人体产生的危害后果，近年来，食品厂商常选用植酸进行替代。

植酸溶液

（2）保鲜剂

果蔬在长期运输过程中，由于不可避免的外在因素常会造成机械和物理损伤，在后期储藏时伤口处的过氧化物酶促进发生褐变反应，导致微生物的生长繁殖，使水果蔬菜不再新鲜，而造成大量经济损失。使用植酸作为保鲜剂破坏过氧化酶活性，可以延长保质期。

（3）护色剂

一般水果中含有大量酚类物质，在pH为6~7的条件下，酚类物质就会通过酶促褐变将其催化氧化成不稳定的醌类物质，最后经过非酶促反应生成黑色素。但添加酸性物质如植酸就可以通过降低水果体系的pH或螯合金属离子的方法来抑制褐变的效果。

医学作用

（1）植酸可有效避免双氧水的分解，因此可做双氧水储藏稳定剂。

（2）植酸可以与重金属离子螯合，因此可以解除铅中毒，并可做重金属中毒防止剂。

（3）植酸通常以植酸盐的形式广泛存在于动物的有核红细胞内，因此可以促进氧合血红蛋白中氧的释放，延长血红细胞的生存期。

| 四、加工及使用方法 |

加工

（1）传统提取方法

植酸对金属离子的螯合作用在pH低于7时呈降低趋势，络合物中的金属离子解离下来，此时植酸钙重新溶解在酸性条件下；反之，调节pH到碱性，二者螯合能力重新变强，当pH达到一定值时，植酸与金属离子生成复盐重新沉淀。利用植酸的这种性质，先用稀酸溶液浸泡米糠，使米糠中的植酸以酸式盐的形式析出，提取浸取液，然后过滤、分离出浸取液，再用碱性沉淀剂中和，使植酸与金属离子反应产生析出植酸盐沉淀，最后溶解植酸盐再进行离子交换，便能够去除杂质，制得成品植酸。

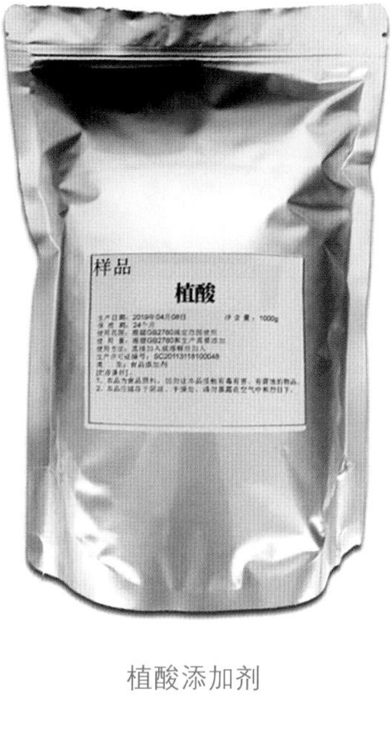

植酸添加剂

（2）超声波酸浸提取法

超声波酸浸提取法是在传统提取方法的基础上进一步改进，超声波频率在20千赫以上，利用超声波清洗机实现浸提。超声波酸浸提取法主要是利用控制超声波强度使提取物内部温度瞬间大幅度提高，加速溶出其有效成分的同时不改变其物质的性质，利用的是超声波的热效应和机械作用，控制超声强度和频率，加强提取物细胞内物质的释放、扩散、溶解，在保持其生物活性不变的情况下提高提取率和加快破碎速度。

使用方法

（1）干燥果蔬及加工中的应用

果蔬干燥过程中常因酶促褐变而影响产品的色泽和品质。传统的护色工艺采用的是亚硫酸盐类溶液浸泡处理，但亚硫酸盐毒性较大，添加植酸或植酸盐不仅可以提高干制果蔬食品品质，同时还保证了食用安全性。

（2）在酒品饮料加工中的应用

在生产时添加质量分数大于0.01%但不超过0.05%的植酸，让其与食品中的重金属离子反应生成络合物而沉淀析出，过滤去除，可以很好地保护人体健康不受损。植酸可作为快速止渴饮料中的有效成分，专供高强度训练的运动员和高温度工作的人员食用，在达到止渴目的的基础上，能够加强神经机能，同时保护脑、肝、眼。

（3）在发酵食品加工中的应用

由于植酸的分子特性可作为非离子表面活性剂使用，对细胞生长具有一定的促进作用，因而，研究人员将植酸作为一种发酵促进剂，添加后富集在细胞表面，可以大大加强细胞的呼吸作用以及细胞内外物质传递作用，从而改善营养物质的消耗速率及产物的生成速率。

五、食用注意

植酸是一种影响矿物质元素吸收的抗营养成分，不可过多食用，否则将减少人体对食物中特定矿物质的吸收。

传说故事

俗话说："牙疼不是病，疼起要人命。"蛀牙给我们的生活带来的困扰和麻烦可是不少。但是在最近的研究中，根据出土的远古人的骨骼发现，人类的祖先在采集–狩猎时代几乎是没有蛀牙的。这不禁让人疑惑，没有牙膏、牙刷、牙线、漱口水等口腔清洁产品，也没有和现代人一样对牙齿的保护意识，我们的祖先为什么不会被蛀牙所困扰呢？想要解释这个现象，还得从1万多年前说起，当时的人类生活中发生了一件重要并延续至今的大事——耕种。在狩猎时代，肉是毋庸置疑的主食，而耕种技术的产生，使得许多植物摇身一变，逐渐成为人类餐桌上的主流。

植酸主要存在于植物种子里，是种子用来储存磷的方式，谷物中至少80%的磷都以植酸的形式存在。无论是什么种子都会有植酸，尤其在其外层。植酸的大量摄入破坏了牙齿外层的牙釉质，改变了人类口腔中的细菌群，诱发牙龈牙周疾病的细菌，也从此张狂地生长了起来。历史继续前行，大约几百年前，精制的糖和米面，也开始在人类的饮食中崭露头角。于是，那些诱发口腔疾病的细菌，变得更加肆无忌惮，实现了升级再升级。谁也没有想到，从狩猎到农耕的这一文明演化，在给我们带来稳定的食物的同时，也使人类口腔环境经受了血雨腥风般的改造，变得越来越糟。不仅如此，土壤中磷的含量是影响植物中植酸含量的因素之一——而现代农业大量施加的磷肥就会大幅提升谷物、豆类中的植酸水平。因此到了近现代，越来越多人被牙龈炎、牙周炎、牙龈出血、蛀牙等问题困扰，牙医诊所也成了每个人又惧怕又不得不去的地方。

乳酸

信彼南山，维禹甸之。畇畇原隰，曾孙田之。我疆我理，南东其亩。
上天同云。雨雪雰雰，益之以霢霂。既优既渥，既沾既足。生我百谷。
疆埸翼翼，黍稷彧彧。曾孙之穑，以为酒食。畀我尸宾，寿考万年。
中田有庐，疆埸有瓜。是剥是菹，献之皇祖。曾孙寿考，受天之祜。
祭以清酒，从以骍牡，享于祖考。执其鸾刀，以启其毛，取其血膋。
是烝是享，苾苾芬芬。祀事孔明，先祖是皇。报以介福。万寿无疆。

——《信南山》（先秦）佚名

一、物种本源

名称

乳酸（Lactic acid），又名2–羟基丙酸、α–羟基丙酸、丙醇酸。

形态特征

乳酸的纯品为无色液体。食品级乳酸为乳糖的发酵产品，常温下为无色或者浅黄色的固体或糖浆状澄清液；工业乳酸基本上为无色到浅黄色之间的液体，没有明显气味。

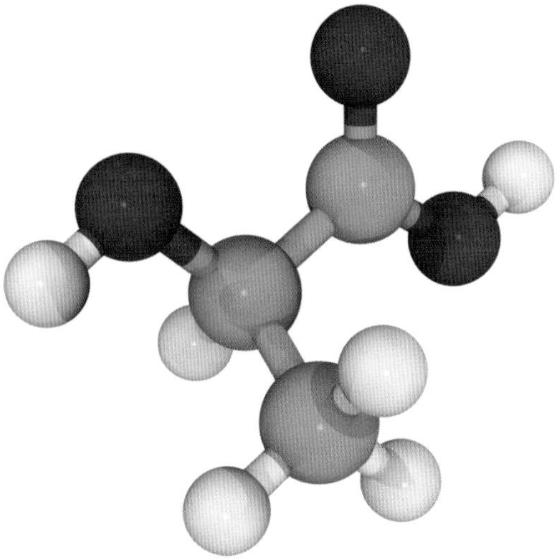

乳酸结构示意图

其他特征

乳酸的吸湿性较好，摩尔质量为90.08克/摩尔，熔点为16.8℃。沸点为122℃（2千帕）。易溶于水、乙醇和甘油，但不易溶于氯仿、石油醚等有机溶剂。在标准大气压下，乳酸很容易加热分解，一般在浓缩至50%

时，一部分乳酸会变成乳酸酐，因此乳酸产品中通常会含有10%～15%的乳酸酐。

二、主要成分

乳酸是一种含有羟基羧酸，它的分子式是$C_3H_6O_3$，结构简式为CH_3CH（OH）COOH，是一个α-羟酸（AHA）。乳酸的羧基会在水溶液中释放出一个质子，从而生成乳酸根离子$CH_3CHOHCOO^-$。

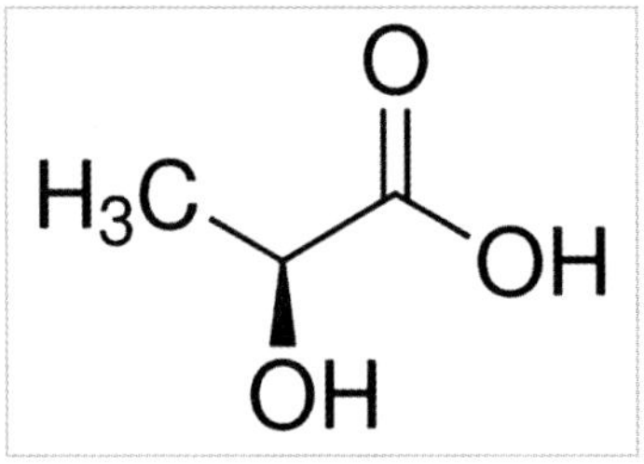

乳酸化学结构式

三、食材功能

食用功能

乳酸的用途很多，除调节食品的pH、给食品增加酸味外，还能防止食品酸败或褐变，抑制微生物生长。

（1）酸度调节剂

酸度调节剂，又称pH调节剂，是具有改变或维持食品酸碱度、pH功能的物质。由于乳酸酸性较弱，酸味柔和，往往作为酸味剂用于调配果汁和软饮料。

（2）抗微生物剂

在发酵过程中，乳酸可有效地抑制酵母菌、丝状菌还有其他细菌的繁殖，从而有效地延长制品的储存期。

（3）腌渍剂

乳酸菌作为降解的亚硝酸盐菌，对人体有益。用纯种乳酸菌发酵的腌渍食品，色泽光亮，风味独特，还可以有效减少食品中亚硝酸盐的残留并抑制亚硝胺的生成。

乳酸饮品奶啤

医学作用

（1）乳酸蒸气可以用来对病房、手术室、实验室进行消毒，有效杀灭这些场所空气中的细菌，减少手术过程中容易引起的细菌感染。

（2）在医学方面被用作药物制剂、助溶剂、载体剂和pH调节剂等。

（3）通过乳酸聚合而得到的聚乳酸可以经抽丝后制成纺线。聚乳酸纺线能自动降解成乳酸，从而被人体吸收。因此经常被用于制成手术后伤口的缝线，伤口愈合后不需要拆除手术缝线，减少患者痛苦，缩短康复时间，尤其适用于体内手术缝线。

四、加工及使用方法

加工

（1）发酵法

在pH约为5的环境中，乳糖在乳酸菌作用下，经过三到五天的发酵，可以得到粗乳酸。发酵法通常以玉米、大米、甘薯等淀粉质食品为原材料。不同菌系有着不同的发酵方法，因此发酵法可分为同型发酵和异型发酵。

（2）合成法

合成法又称为化学法，包括四种不同的方法，分别是乳腈法、丙酸法、丙烯腈法和丙烯法等，但只有乳腈法和丙烯腈法能够用于工业生产。

发酵法和合成法是工业生产乳酸的两种重要途径。其中发酵法发展较早，技术较为成熟，原料充足，简单易行。但同时也存在生产周期长、不能全自动化生产等缺点。我国70%以上的乳酸均由发酵法生产，但发酵法生产乳酸的质量与国际标准相比还有一定的差距。合成法虽然可以解决发酵法存在的不足，但其生产原料具有毒性，不符合食品工业绿色生产的要求。

使用方法

（1）在调配果汁或者饮料时，也可加入乳酸作为酸味剂，使这些饮品酸味适中，口感温润。

（2）一定量的乳酸可以在酿造啤酒时调节啤酒pH，促进糖化，促进酵母发酵，从而起到增加啤酒风味、保证啤酒的质量、延长货架保质期的功效。而在白酒、清酒和果酒中加入一定量的乳酸不仅可以调节pH，赋予这些酒类清爽而又丰富的口感，还能够有效抑制杂菌生长。

（3）乳酸是一种天然发酵酸，因此在加工面包时也可加入乳酸。加入了乳酸的面包风味独特，色泽光亮，品质优良，货架期长。

五、食用注意

（1）我国《食品安全国家标准　食品添加剂使用标准》（GB 2760—2014）规定：可在各类食品中按生产需求适量使用。

（2）乳酸可用于各类食品的一般用量：果冻和果酱pH控制为2.8～3.5，番茄浓缩物等保持pH小于等于4.3，乳酸饮料和果汁型饮料保持为0.4～2克/千克，一般可与柠檬酸并用。

延伸阅读

在1856年的法国，有一个名叫巴斯德的年轻人在里尔城大学教书。里尔这个城市中很多人从事着酿酒行业，但那年夏天原本香甜的酒突然口感变酸，并且带有一股酸牛奶的味道。大家为此事忧心忡忡，一个酒厂老板走投无路时找到了巴斯德寻求帮助。巴斯德通过一系列的研究最终得出结论：这些都是酒发酵过程中产生大量的乳酸造成的。随后，巴斯德深入研究，发现了乳酸菌。随着历代科学家的不断深入研究，大家逐渐发现了并非只有酸奶中存在乳酸菌，乳酸菌广泛地存在于自然界中，在动植物的生命中扮演着不可或缺的角色。

亚硝酸钠

形似精盐质保鲜，攸关性命莫违天。
能知慎独休逾矩，造福人民利大千。

——《亚硝酸钠》（现代）
徐玉基

一、物种本源

名称

亚硝酸钠，英文名称为Sodium nitrite。

形态特征

亚硝酸钠是一种亚硝酸根离子和钠离子结合生成的无机盐，无色或浅黄的晶体，带有咸味，外观与食盐很相似，故常常被用来制造假食盐。

其他特征

亚硝酸钠易溶于水，且水溶液呈碱性，pH为9.0，在乙醇等有机溶剂中溶解度较低。亚硝酸钠容易氧化成硝酸钠，接触到有机物易发生爆炸。由于其价格低廉，常被违法当作食盐的替代品使用，危害人体健康和社会稳定。

亚硝酸钠晶体

二、主要成分

亚硝酸钠，分子式为$NaNO_2$，易被氧化成硝酸钠。硝酸钠会在血液中发生化学反应，使血红蛋白转变成三价铁的血红蛋白，而三价铁的血红蛋白不能携带氧，从而造成人体缺氧中毒。

三、食材功能

食用功能

（1）防腐剂

亚硝酸盐可以有效防止微生物的生长繁殖，特别是对肉毒梭状芽孢杆菌的抑制作用尤为明显，所以它能起到抑菌防腐的作用。

（2）护色剂

为了保持肉的鲜红，我们常常会使用亚硝酸盐来对肉制品进行加工。亚硝酸盐会在猪肉中形成亚硝酸。亚硝酸进一步提供亚硝基，与肌红蛋白反应，生成可以带来鲜肉色的亚硝基肌红蛋白。这就是亚硝酸盐护色的基本原理。

肉类护色剂

（3）鲜味剂

一般在腌制品中添加亚硝酸盐，除护色防腐作用之外，还会给肉类带来独特的鲜味，也起到了增鲜的效果。

医学作用

亚硝酸钠常用于解毒药，用于治疗氰化物中毒，其解毒过程与亚甲基蓝相同，但其效果更好。在医药工业上常用于制造乙胺嘧啶、香兰素、氨基比林、安乃近、氨茶碱、乙胺嘧啶及咖啡因等药物。

| 四、加工及使用方法 |

加工

常用于制作亚硝酸钠的方法如下：

（1）用铅还原硝酸钠得到碳酸铅沉淀，沉淀经过过滤后蒸发得到亚硝酸钠结晶，选取酒精反复洗涤，再次结晶，得到精制成品。

（2）吸收法：调整稀硝酸生产尾气中一氧化氮和二氧化氮的比例，使中和液中亚硝酸盐和硝酸钠的质量比小于8。然后从吸收塔底部引入尾气，从吸收塔顶部喷射碳酸钠溶液，吸收气体中的氮氧化物，生成中和液。当中间液相对密度为1.24，碳酸钠含量为4克/升时，采用蒸发浓缩，在60℃条件下冷却结晶，分离亚硝酸钠结晶，离心得到亚硝酸钠成品。

使用方法

亚硝酸钠作为最常用的食品添加剂，为保持肉制品的色泽和营养价值，常被广泛应用于肉制品中，例如腌腊类、酱卤类、熏烧类、油炸类、火腿类、灌肠类、发酵类等加工中。

在腌制泡菜时，也是用亚硝酸钠来进行腌制，获得独具风味的香气。

亚硝酸钠

五、食用注意

（1）根据GB 1907—2003《食品添加剂　亚硝酸钠》国家标准，亚硝酸钠被允许作为食品添加剂使用，在肉制品中亚硝酸参考添加残留量不得超过0.03克/千克。世界食品卫生科学委员会发布的人体安全摄入亚硝酸钠的标准为0.1毫克/千克体重，按此标准食用，对人体不会造成危害。

（2）腌制的酸菜最好在腌制完成的半个月后食用，以防止中毒。

（3）过量服用亚硝酸钠后，会导致血管运动中枢被麻痹，急性中毒表现为全身肌乏无力、头晕、恶心干呕、腹泻以及呼吸困难等现象，严重者会昏迷甚至死亡。

延伸阅读

用亚硝酸盐制作而成的腊肉是中国传统民间备受百姓喜爱的一道美食，也是过年过节时人们互相馈赠的佳品，有着悠久的历史。

腊肉最初起源于公元前，客家先民从中原以南迁来，他们用盐来保持猪肉的新鲜。相传在古代，人们在农历年十二月合祭众神，也正是这种缘故，十二月也被称为腊月。根据周朝的《周礼》《周易》记载，当时朝廷有专管臣民纳贡肉脯的机构和官吏。而在民间，也有学生将腊肉作为学费赠予老师，因此，这种干肉被称为“束脩”(束脩：指10条腊肉)。据说孔子特别喜欢肉干，他曾经说过，只要给我十块肉干，我就可以教任何人。根据记载，汉宁王张路在被军队打败之后，经过汉中红庙塘时，汉中人用上等的腊肉招待他。自宋代以后腊肉已经成为宫廷贡品和老百姓春节餐桌上不可缺少的美味佳肴，所以民间有“北方吃饺子，南方吃腊肉”一说。

早在南北朝时期的《齐民要术》一书中就记载了许多不同咸肉、酱菜的制作方法，如甜酱、酱油等加工的酱菜，酒糟做的糟菜，糖蜜做的甜酱菜等。唐代，我国的咸肉、酱菜技术不仅有了很大的发展，而且传到了日本，现今日本著名的奈良酱菜就是源于那时。经过长期的生产实践，到明清时期，我国酱腌肉菜工艺和品种都有了很大的发展，很多书籍都有详尽记载，其中一些品种和工艺一直流传至今。

寒冬腊月，以家为社会组成细胞的中国人都会围坐在炉前灯下，吃腊肉，放爆竹，辞旧迎新。腊肉以及各类腌腊制品的美味，慢慢就融入了家的元素、家的幸福。

小苏打

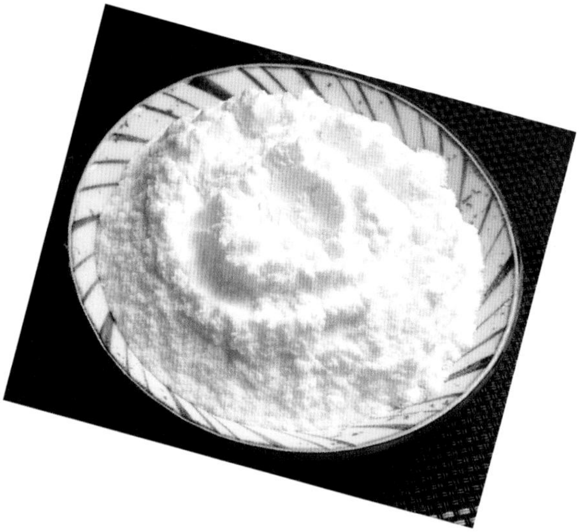

犹疑冰雪恋红尘，鼓起坊间精气神。
最喜寻常烟火味，蓬松食品共天伦。
——《小苏打》（现代）郁犁

一、物种本源

名称

小苏打（Sodium bicarbonate），又名碳酸氢钠。

形态特征

小苏打，无臭、无毒、味咸，呈白色晶体状，或不透明单斜晶系细微结晶。

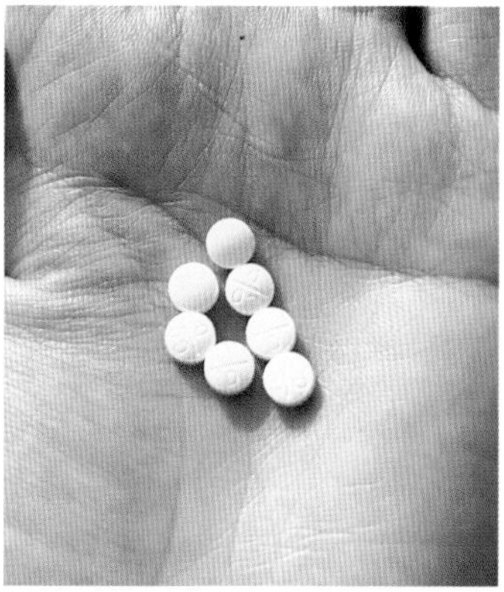
碳酸氢钠片

其他特征

小苏打可溶于水，微溶于乙醇，水溶性的pH呈弱碱性，是强碱与弱酸中和反应发生后生成的酸式盐，放置较长时间或升高温度能使碱性增加，25℃新鲜配制的0.1摩尔/升水溶液的pH为8.3。

二、主要成分

粉末状的食用小苏打，是由纯碱的溶液或结晶吸收二氧化碳之后制成的。市售天然苏打水除含多种微量元素外，还含有碳酸氢钠成分。

三、食材功能

食用功能

（1）膨松剂

小苏打水溶液加入面团后，受热分解生成的二氧化碳气体，会在食物内部膨胀形成较大的空隙，可使食品更加蓬松。

（2）酸度调节剂

小苏打是酸式盐的一种，其水溶液pH大于7，呈弱碱性。根据此特性，小苏打作为酸度调节剂，可适量添加于食品中，改善风味和口感。

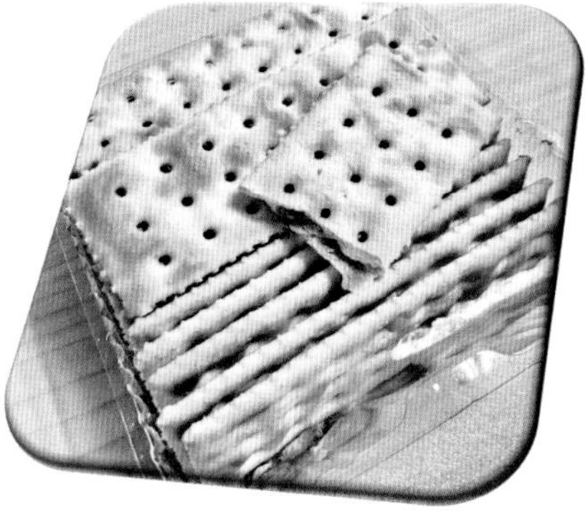

小苏打饼干

医学作用

中和胃酸：和酸度调节剂的作用原理相同，由于小苏打水溶液呈弱酸性，故能中和胃酸，降低消化液的黏度，并加强胃肠的收缩，起到健胃、抑酸和增强食欲的作用。

四、加工及使用方法

加工

制备碳酸氢钠最常用的方法是采用向氢氧化钠或碳酸钠的溶液中通入二氧化碳气体后，从溶液中结晶出碳酸氢钠，过滤后烘干，制得成品。

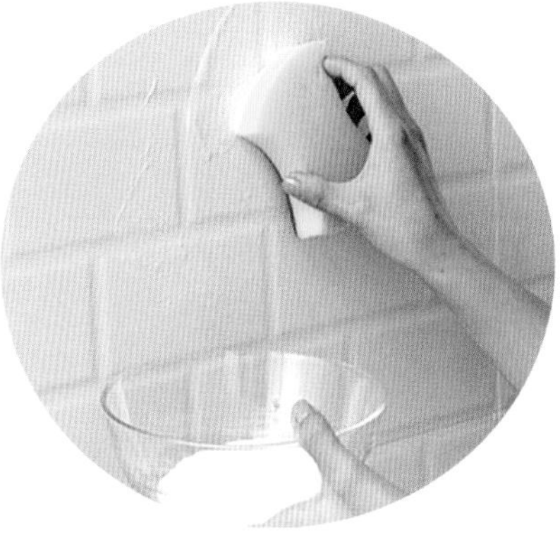

小苏打清洁剂

使用方法

我国2016年实施的GB 1886.2—2015《食品安全国家标准　食品添加剂　碳酸氢钠》对食用小苏打的感官要求和理化性质提出了具体的要求，如总碱量（以$NaHCO_3$计），质量分数要达到99%~100.5%。在大批量生产饼干、糕点、馒头、面包等过程中，常与明矾复配为碱性发酵粉，完全溶于水后再与面团均匀混合，加热后二氧化碳气体的溢出，使成品更加蓬松多孔。也可与纯碱复合为民用石碱，是汽水饮料中二氧化碳的发生剂，还可用作黄油保存剂。

在日常生活中，小苏打在清洁方面应用广泛，用微湿的手指或海绵蘸取少许小苏打粉末，直接擦拭沾有茶垢的位置，就可轻松去除，并且不会对茶具造成损伤。该方法同样适用于清洁餐具、门窗、卫浴等。

五、食用注意

（1）制作食物时，小苏打加热后，二氧化碳气体挥发，但碳酸钠依旧残留在面团里。使用过多会使食物碱味过浓，影响食物风味和口感。

（2）溃疡病患者忌用。小苏打口服入胃后产生的二氧化碳气体，会增加胃内压力。对胃溃疡的病人而言，小苏打会对溃疡面产生刺激，甚至有胃穿孔的危险，同时二氧化碳刺激胃黏膜，会导致继发性胃酸分泌过多。

延伸阅读

碳酸氢钠（$NaHCO_3$），俗称小苏打。在联合制碱法发明以前，氨碱法（亦称为索尔维制碱法）应用最为广泛，是比利时人欧内斯特·索尔维于1862年发明的。

古代人和面完全是靠自然发酵，因为空气中有野生酵母菌。不过空气中也会有其他杂菌，如霉菌、乳酸菌等，乳酸菌会使面团产生酸味，那个时候没有碱，所以古代人吃的是酸馒头。

而关于天然碱（苏打）的开采，有关资料表明，早在18世纪伊克昭盟地区的天然碱湖即已开采利用，到了20世纪末、21世纪初，有人将天然碱加工成“锭子碱”经由张家口销往内地，被称作“口碱”。第一次世界大战之后，中国从欧洲进口纯碱的道路被阻断。范旭东先生于1917年在实验室成功制出了碱。1920年成立“永利制碱公司”。1926年，中国生产的“红三角”牌纯碱在美国费城的万国博览会上获得金质奖章。“中国制碱第一人”侯德榜的“侯氏制碱法”于1953年获得新中国第一号发明证书。

数据显示，我国小苏打生产企业相对集中，内蒙远兴能源以年产能百万吨占据主要市场份额。

漂白粉

上瑞何曾乏，毛群表色难。
推于五灵少，宣示百寮观。
形夺场驹洁，光交月兔寒。
已驯瑶草别，孤立雪花团。
戴豸惭端士，抽毫跃史官。
贵臣歌咏日，皆作白麟看。

——《省试内出白鹿宣示百官（乾宁二年）》
（唐）黄滔

一、物种本源

名称

漂白粉（Calcium hypochlorite），又名为次氯酸钙、氯化石灰。

形态特征

常温下漂白粉为白色或类白色粉末，溶液状态下呈现黄绿色。

其他特征

漂白粉吸湿性强，易溶于水和乙醇，但性质不稳定，易分解。其中有效成分会受光照、温度、湿度等影响而降解。

二、主要成分

漂白粉由次氯酸钙、氯化钙和氢氧化钙组成，其中有效成分为次氯酸钙（纯次氯酸钙又称漂白精）。

漂白粉

三、食材功能

食用功能

（1）漂白剂

漂白粉中有25%~30%（质量分数）的有效氯成分，是通过一定量的漂白粉跟过量酸发生化学反应生成的。生成的氯气本身就具有强烈的氧化作用，能够破坏发色基团或着色物质，从而达到漂白的目的。油脂、淀粉、果皮等食物在加工过程中经常使用漂白粉进行漂白。

（2）抗微生物剂

漂白粉中的有效氯可以侵入微生物细胞中，破坏细胞中酶蛋白的活性，阻断细胞营养物质的生成，从而导致微生物的死亡。因此，漂白粉对细菌的繁殖型细胞、芽孢、病毒、酵母及霉菌等均有灭杀作用，主要用于延长食物保质期。

医学作用

（1）漂白粉作为一种含氯消毒剂，具有较强的刺激性，其稀释后的上清液浓度低时可用于正常皮肤的消毒，但不宜用于伤口的消毒，常被用于医院等公共环境的消菌杀毒。

（2）漂白粉不仅可以杀灭食品表面的细菌，还可以抑制白色葡萄球菌、甲型副伤寒杆菌、大肠杆菌、沙门氏菌等人体内部细菌。浓度、温度、酸碱度等环境

固体漂白粉

因素会对其杀菌效果产生影响。另外，为了达到良好的杀菌效果，应保证漂白剂有足够的灭菌时间。

四、加工及使用方法

加工

漂白粉的生产是以石灰和氯气作为原料。先将石灰经消化得到消石灰，再将消石灰与氯气进行氯化反应，最终得到漂白粉和含氯有害气体。

尾气处理是现代工业必不可少的一步。在现代化生产线中，有害尾气通入一级水洗塔，得到了氯化尾气碱性洗涤液，再将碱性洗涤液作为二级尾气吸收塔吸收液与尾气中的氯气进行吸收反应，得到清洁水汽和吸收液；将得到的清洁水汽从放空管中排出，最终达到了避免污染环境的目的。

此外，尾气处理工序也是对漂白粉生产中未能完全吸收的氯气用石灰水进行吸收，使之达到排放标准，还能同时得到副产品漂白液。

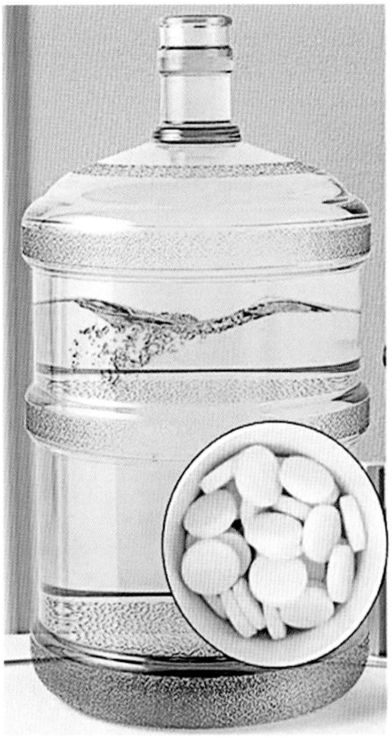

饮水用消毒剂

使用方法

（1）在果脯、淀粉糖浆等的制作过程中，加入适量漂白粉可以改善食物色泽，并且可以使食物抗氧化、防腐。

（2）净化自来水时，加入适量的漂白粉，可改善水质、提高透明度、丰富口感，并预防致癌的三卤甲烷和其他卤代物的产生。

（3）漂白粉可用于养鱼，主要用于防治鱼病中的细菌性疾病。

五、食用注意

（1）为了防止蜜饯凉果、腌渍蔬菜等食品腐败变质，允许使用焦亚硫酸钠和二氧化硫作为漂白剂、防腐剂、抗氧化剂。

（2）在进行饮用水的漂白净化时，应控制其残留的有效氯在0.4～1毫克/千克内。

延伸阅读

早在远古时代，古埃及人就已经学会并使用漂白纺织品的技艺，并且进行广泛的推广。后来的腓尼基人、古希腊人和古罗马人，也都掌握了将亚麻制品漂白的技术，可是他们使用的漂白方法至今还是一个谜。而发明漂白粉的历程在历史长河里也是漫长的一段故事。

1754年，英国农艺化学家霍姆发明了使用稀硫酸漂白的新技术。随后，在1774年，瑞典化学家卡尔·威廉·舍勒成功证明了王水散发出的奇怪气体是氯；1785年，法国的染料技师贝尔特勒发现，氯具有漂白作用，但是带有剧毒，需用钾溶液处理后才能无害。但是这套方法太过烦琐，实施起来有诸多难处，不便于工业生产。1799年，英国一位商人、化学家坦南特开动脑筋并结合前人的研究，对这种漂白法进行了重大改进，利用熟石灰和氯作用而发明了实用的漂白粉。工人们将亚麻制品浸入碱性染料里浸泡数天，之后洗净并在阳光下晾晒若干星期。经过多次这样重复的操作，之后将其浸泡在酸奶中数日再重新洗净晒干，至此这道工艺才算大功告成。这种方法在化学工业史上留下了浓墨重彩的一笔，使得棉纺织工业和造纸业得到了迅速发展。

活性炭

换骨丹炉身已黑，囚毒困菌辨精微。
千疮百孔未觉苦，能为人间隔是非。

——《活性炭（新韵）》
（现代）李灵光

一、物种本源

名称

活性炭（Activated carbon），又名分子筛。

形态特征

活性炭是一种人造材料，它既是传统材料，又是现代材料。它是一种黑色固态碳质，拥有非常发达的微孔结构。

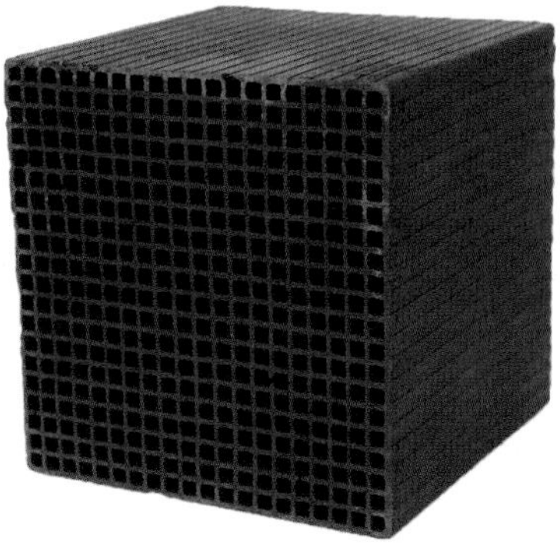

块状活性炭

其他特征

活性炭的吸附能力非常强，包括物理吸附能力和化学吸附能力。在吸附的过程中常常伴随着催化反应，具有非常强的催化活性。活性炭的活化温度越高，它的含碳量、比表面积、灰分含量、水溶液的pH都会随之增大，而且活性炭的活化温度越高，它残留的挥发物质也会更完全地挥发。

二、主要成分

活性炭可分为木质活性炭和非木质活性炭两大类，是一种食品添加剂。植物活性炭属于木质活性炭，它的制作材料是果壳类植物，一般经过化学处理或物理处理即可获得；食物添加剂活性炭属于非木质活性炭，与植物活性炭不同的是，它的制作材料是非木质材料。

三、食材功能

食用功能

活性炭可以作为食品工业用的加工助剂，其特点有：具有微晶结构，且晶体中有微孔；活性炭吸附力强，这是因为普通活性炭的比表面积在500～1700米^2/克；它能吸附的东西非常多，包括废水或者废气中的金属离子、色素以及有机污染物。

医学作用

活性炭可以吸收肠胃中的毒素、细菌以及胃部发酵所产生的气体，这就使有害物质对肠壁的刺激减小，也使肠胃的蠕动速度降低了，达到了我们想要的目的——止泻和吸附肠胃里有害的物质。由于它的这些作用，医药上常常用活性炭来治疗药物中毒、肠胃胀气以及腹泻等。

净水活性炭

四、加工及使用方法

加工

（1）化学活化法

化学活化法即以一定的配比来混合含碳原料和化学药品，然后选择特定的温度制备活性炭，例如碳化、活化等。化学活化有不同的种类，例如，磷酸化法、氯化锌活化法、氢氧化钾活化法。化学活化法常用的活化试剂有很多，主要为氢氧化钠、硫酸、氢氧化钾等，这些物质能够使原料活化，纤维素会在这个过程中被侵蚀溶解，所以原料中含有的氢和氧会分解成小分子逸出，孔隙由此产生。

（2）物理活化法

物理活化法又可称为气体活化法，是已经炭化处理的原料在800~1000℃的高温下与水蒸气，烟道气（CO_2、N_2等混合气），CO或空气等活化气体接触后，从而进行活化反应。物理活化法的基本工艺有很多，例如炭化、活化、除杂、破碎、精制等，物理活化法的制备过程十分干净，几乎没有产生液相污染。

（3）物理-化学活化法

物理-化学活化法是物理活化法与化学活化法的结晶产物，物理-化学活化法的好处是，在生产过程中几乎没有燃煤消耗，污染很低，而且物理法的碳化尾气可以为化学法的生产提供热量，实现能源的高效利用，然后再用物理法进行活化，可以同时得到物理法活性炭与化学法活性炭。

使用方法

水处理，用活性炭堆积出一层厚厚的滤碳泥，然后利用活性炭的强吸附能力，来吸附污水中的污染物质或其他东西。制糖工业，要使糖液脱色，可以使用活性炭吸附的方法，甚至有关有机物质的脱色也可以用这种办法。为了保证电镀的品质、有效地去除电镀浴中的有机物杂质，可以利用活性炭的吸附能力，对电镀池中的液体进行净化处理，活性炭还可以应用在废水脱酚的过程中。

吸附前　　吸附后

粉状活性炭油脂脱色

五、食用注意

《食品安全国家标准　食品添加剂　植物活性炭（木质活性炭）》（GB 29215—2012）和《食品安全国家标准　食品添加剂　活性炭》（GB 1886.255—2016）对两种活性炭有品质明确要求。根据《食品安全国家标准　食品添加剂使用标准》（GB 2760—2014），活性炭作为食品加工助剂一般应在制成最终成品之前除去，并且尽可能降低使用量。

延伸阅读

在20世纪初活性炭作为专利被发明之前，历史上比较关注的是关于木炭应用的历史。

最早使用木炭的是公元前3750年的埃及人和苏美尔人。公元前1550年，古埃及有木炭作为医用的记载，希腊医生希波克拉底（公元前460—公元前359年）和普林尼用木炭治疗羊癫疯和炭疽。公元前450年的腓尼基商船，饮用水被储存在烧焦的木制桶里，是一直到18世纪海上饮用水的储存方法。同一时期，印度宗教文件中还提到利用沙子和木炭过滤和净化饮用水。

157年，克劳迪乌斯医疗论文中提到了蔬菜和动物来源制备的木炭，用于治疗多种疾病。中国明代李时珍（1518—1593年）所编著的《本草纲目》中同样提及木炭可以治疗疾病。1773年，舍勒通过大量实验发现木炭的吸附能力并且可以吸附各种气体。1777年，报道了木炭热效应与吸附气体的能力，是“冷凝吸附理论”的雏形。

在这个时候，制糖行业一直在寻找有效的糖浆脱色方法，但是孔隙度开发的程度尚未达到糖浆脱色所用木炭的程度要求。1794年，英国一家糖厂成功生产出使用木炭脱色的糖浆。1805年，法国利用木炭脱色第一次大规模生产使用甜菜制备的糖浆。1805—1808年，Delessert在甜菜酿酒中成功使用木炭脱色。1815年，大部分制糖行业已转用颗粒状骨炭作为脱色剂。

1822年，Bussy表明，活性炭脱色的性能除了受固有的原始材料影响，还取决于热加工和颗粒大小的成品。1841年，斯加登在加热再生的骨炭之前系统化地使用盐酸酸洗。这有效地消除了矿物盐吸附的炭。1854年，豪斯介绍了成功应用于伦敦下水道系统过滤器中去除蒸气和气体中的杂质的炭。1862年，

Lipscombe制备出了使用炭净化的饮用水。1881年，凯泽尔首次使用“吸附”这个词来形容吸收气体的炭。

1901年，Raphael von Ostrejko发明以金属氯化物炭化植物源原料或用二氧化碳或水蒸气与炭化材料反应制造活性炭，并先后取得英国和德国专利。1911年，奥地利的一家工厂生产出活性炭，商标名称为Eponit。1914—1918年，有毒气体进入一战战场，颗粒活性炭作为吸附剂得到大规模生产，被用于军事用途的防毒面具。在欧洲制造活性炭的新原料取得了很大进展。椰子、杏仁壳生产出的活性炭具有较高的机械性以及吸附气体和蒸气的能力。1935—1940年，捷克斯洛伐克通过木屑氯化锌活化生产活性炭，用于回收挥发性溶剂和清除苯煤气。

甲壳素

体如玦玉赛玻璃，虾蟹无端饶地皮。
谁晓糖苷连百业，降脂释血两相宜。

——《甲壳素》（现代）李进才

一、物种本源

名称

甲壳素（Chitin），又名壳多糖、几丁质、甲壳质、明角质、聚乙酰氨基葡糖。

来源及分布

富含甲壳素的虾

甲壳素是一种含氮的多糖物，在自然界中分布范围广，是数量排名第二的生物大分子。它是低等植物菌类细胞膜的不可或缺的成分，在地衣、绿藻、酵母、水母及乌贼体内也同样存在。此外，它还存在于大多数节肢动物等低等动物中，是虾、蟹、昆虫外壳的重要成分，虾壳和蟹壳中含量达到15%以上，但虾壳最多可达30%，而蟹壳最多约为20%。

其他特征

甲壳素易溶于醋酸，不溶于水、盐类、稀酸、乙醇、乙醚，且能与浓氢氧化钠溶液发生反应，形成可溶性甲壳素（也称多聚胺基葡萄糖、甲壳胺、糖液甲壳素、壳聚糖等），呈现玻璃状胶体。

二、主要成分

甲壳素是一种2-乙酰氨基葡萄糖聚合物，基本单位是乙酰葡萄糖胺，具有白色或黄色透明外观。几丁质是由1000～3000个基本单位通过1～4个糖苷链连接而成的聚合物，是一种分子量超过100万的己糖多聚体。

三、食材功能

食用功能

（1）吸附澄清剂和增稠剂

按照国家规定许可，不同食品中甲壳素的添加量不同。例如：在果酱中添加量不能超过5毫克/克，在乳酸菌饮品中添加量不得超过2.5毫克/克，在氢化植物油、蛋黄酱、花生酱、芝麻酱、冰激凌和植脂性粉末中的添加量在0～2毫克/克，在食醋中添加量不得超过1毫克/克，在啤酒中添加量不得超过0.4毫克/克。

（2）增稠剂、稳定剂和鞣质去除剂

为防止果汁以及果酒等食品变色而使用，同时具有去除涩味的功效，使得果汁酒品风味更佳。

（3）防腐剂和成膜剂

为达到足够的防菌及保湿能力，要注意以恰当的方式操作，浸泡后的甲壳素的剂量会显著提高，浓度达到防腐要求。特别要注意的是，浓度过高会引起黏性变大，所以很有必要采取一定的方式，在不破坏成膜效果的状态下，对黏度进行不同程度的降低。

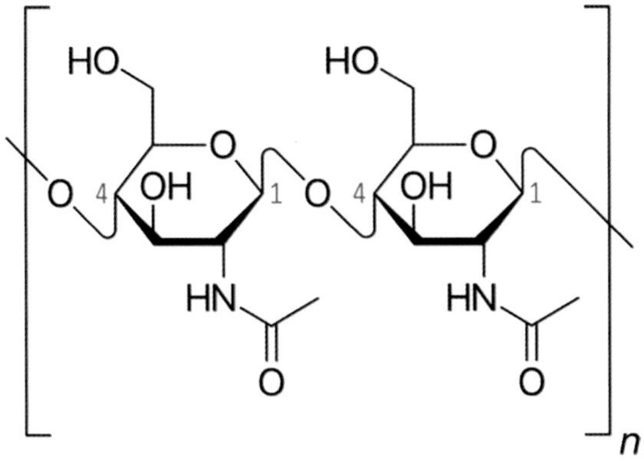

甲壳素化学式

医学作用

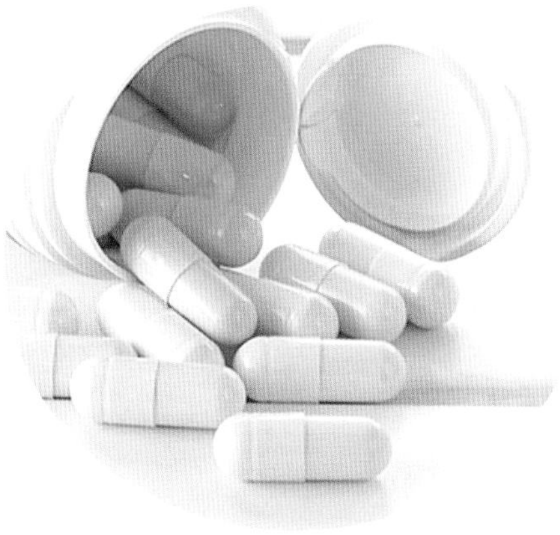
甲壳素制药

（1）缓释剂、润滑剂、包衣剂

将甲壳素直接压片制作片剂，通过湿法生产颗粒或包衣手段制备胶囊剂，是最常见的辅料之一。

（2）分子筛

以戊二醛为例，作为交联剂，能够将不同的酶类以及微生物细胞进行固定。固定化天冬酰胺酶就是这样制备的。

（3）人造皮肤、血管、肾。

四、加工及使用方法

加 工

目前，可溶性甲壳素的制备有着较为完善的工艺流程，具体操作步骤如下：

（1）选取质检合格的虾壳或蟹壳作为原料进行初步水洗。

（2）浸酸脱钙：用质量分数为5%的盐酸浸泡36小时左右，到无气泡产生为止，表明原材料中碳酸钙等无机盐基本消除。

（3）将原材料取出，使用清水反复清洗，直到pH为7左右，此时初处理过后的虾壳或蟹壳不再僵硬。

（4）用质量分数为8%～10%的烧碱溶液再次浸泡已变软的甲壳36小时，然后加热到沸点，1.5小时后将原材料取出，使用清水反复清洗，直到pH为7左右。

（5）经烧碱溶液煮后的软甲壳，已经达到去除角质层和脂肪的目的，继续使用质量分数0.2%的高锰酸钾溶液对其进行浸泡处理大约1小时，通过氧化还原反应使甲壳中的各种色素被降解。

（6）将原材料取出，使用清水反复清洗，在质量分数1%的亚硫酸氢钠溶液中浸泡8～10分钟，随后添加稀盐酸进行溶液的中和，使溶液整体的pH低于7，在此条件下继续操作20分钟，便能有效去除壳上附着的二氧化锰物质，经过处理，壳为白色，不溶性甲壳素产生。

（7）将不溶性甲壳素转化为可溶性甲壳素是制备步骤的关键。取出上述不溶性甲壳素，使用清水反复清洗，直到pH为7左右。然后使用质量分数为40%的高浓度烧碱加热浸泡，温度设置在50℃左右，时间设定在24小时，之后使用清水反复清洗，直到pH为7左右，将其烘干，制得成品。

使用方法

氨基葡萄糖盐作为甲壳素的水解产物之一制成药，常被用作治疗肠炎和肺炎等。

五、食用注意

（1）应在饭前半小时服用甲壳素，才可以更好地避免甲壳素的副作用和不良反应，帮助身体更好地吸收甲壳素。

（2）甲壳素含有壳聚糖，因此对壳聚糖过敏的人不能食用甲壳素产品。

（3）哺乳期及怀孕期的女性不适宜食用甲壳素产品。

传说故事

相传，在西天有一只乌龟，躲在如来佛莲座底下听经。乌龟听了几年经，也学到一些法术，乘如来佛讲经歇下来打瞌睡那一会儿，便偷了他三样宝贝：袈裟、金钵、青龙禅杖，跑到凡间来了。

乌龟在地面上翻个斤斗，变成一个又黑又粗的莽和尚，他想自己法术强，本领大，就起名法海。法海和尚把偷来的三样宝贝带在身上，袈裟穿在身上，金钵托在手中，青龙禅杖横在肩头，到处云游。

一天，他来到了镇江西湖边的金山寺，便在寺里住下来，暗地里使个妖法，害死了当家老和尚，自己做起方丈来了。法海和尚嫌金山香火不旺盛，便在镇江城里散布瘟疫，想叫人家到寺里来烧香许愿。但保和堂施的“辟瘟丹”“驱疫散”很灵验，瘟疫传不开来。法海和尚气得要命，就一摇一摆地寻到保和堂药店来。

法海和尚走到许仙开的保和堂药店门前，朝里面张望，见许仙夫妻正忙着配方撮药，再仔细看看那穿着白闪闪轻纱衣衫的媳妇，原来这不是凡人，而是白蛇变的啊!于是，法海把许仙骗去金山雷锋寺，不让许仙夫妇团聚，白娘子为了救回许仙，和小青一道，跟法海斗法，不惜引西湖之水淹没金山寺，但因为身怀六甲，力敌不能，被法海压在雷峰塔下，却让小青逃脱。

小青在深山里练成功夫，就找法海和尚报仇。他们打了三天三夜，小青越战越猛，法海和尚只累得“呼哧呼哧”直喘气。两人从净慈寺前打到雷峰塔下，小青挥起一剑，只听“轰隆隆”一声巨响，雷峰塔倒塌了，白娘子从塔里跳出来，和小青一道围打法海和尚。法海和尚心急慌忙地，退到西湖边，没防一脚踏了空，“扑通”跌进西湖里去了。

白娘子见法海和尚掉在西湖里，便从头上拔下一根金钗，迎风一晃变成一面小小的令旗。小青接过令旗，举过头顶倒摇三下，西湖里的水一下子干了。法海无处可逃，见螃蟹的肚脐下有一丝缝隙，便一头钻了进去，躲进螃蟹的甲壳里。

许仙夫妇终于团圆了，而法海却只能永远待在螃蟹肚子里了。

茶多酚

偶与樵人熟，春残日日来。
依冈寻紫蕨，挽树得青梅。
燕静衔泥起，蜂喧抱蕊回。
嫩茶重搅绿，新酒略炊醅。
漠漠蚕生纸，涓涓水弄苔。
丁香政堪结，留步小庭隈。

——《春日题山家》
（唐）李郢

一、物种本源

名称

茶多酚（Tea polyphenols），又名茶单宁、抗氧灵、维多酚、防哈灵。

形态特征

茶多酚通常为一种黄色或褐色晶体，有着特殊的茶香，喝起来又有点涩味。

茶多酚添加剂

其他特征

茶多酚易溶于水，微溶于油脂，抗酸且耐热，在酸性环境中能保持稳定性，在碱性环境中很容易被氧化聚合。在茶多酚里加入铁，会生成一种绿黑色的络合物。

二、主要成分

茶叶中含有非常多的茶多酚，其成分是一种含酚羟基的多酚类衍生物，茶叶干物质中的20%都是茶多酚。

茶多酚的主要成分是黄烷醇类、黄酮类、花色苷类和酚酸类等。其中茶多酚中有一种含量占比高达60%~80%的化合物，叫作儿茶素类化合物。儿茶素类化合物主要有四种，包括儿茶素（EC）、没食子儿茶（EGC）、儿茶素没食子酸酯（ECG）和没食子儿茶素没食子酸酯（EGCG）。

三、食材功能

食用功能

（1）抗氧化剂

茶多酚可以把人体中有害的自由基给消灭掉，如果体内的脂质要发生氧化作用，茶多酚可以迅速地阻止这一反应，展现了极强的抗氧化能力。茶多酚是一种天然抗氧化剂，其抗氧化能力远超人工合成抗氧化剂二丁基羟基对甲酚（BHT）、丁基羟基茴香醚（BHA）和维生素C。茶多酚的有效作用含量很低，不会对人体有潜在副作用。

（2）防腐剂

茶多酚中的儿茶素可以保护食物中的维生素和一些色素，让食物和食用油保存更长的时间并且能有效消除食物腐烂所散发的异味。当茶多酚渗入食品中，食品中有机物的稳定性将会大大提高，这样它们的保质期也会得以延长，而且还不会丧失食品中的营养成分。

新鲜茶叶

医学作用

（1）抗辐射作用

当有放射性物质悄悄进入人体的时候，茶多酚会有效地将其吸收，并阻止其进一步扩散，正是因为它有这样的功效，人们也常常称它为天然的辐射过滤器。

（2）助消化作用

茶多酚有非常显著的助消化作用，它能加速肠胃的蠕动，促进人体对食物的消化和吸收，还可以降低体内的脂肪含量。它还可以有效预防胃溃疡，因为茶多酚本身可以形成薄膜来保护伤口。

（3）抗衰老作用

茶多酚可以清除人体内的有害自由基，达到抗氧化的作用，使皮肤更加紧致，所以茶多酚也有一定的抗衰老作用。

四、加工及使用方法

加工

（1）溶剂提取法

直接用极性溶剂萃取茶叶中的茶多酚，但是这种方法不仅成本高，而且萃取出的茶多酚容易被污染，不推荐使用。

（2）折叠柱分离制备法

茶多酚可以通过吸附柱和离子交换柱等进行提取，这样提取出来的茶多酚是非常纯净的并且获得率也达到了5%。这种方法的缺陷是其填充料价格十分高昂，而且在这个过程中，需要使用很多的有机溶剂，故此法并不适合用于食品添加剂的生产。

（3）超临界CO_2萃取技术与传统提取、浓缩和萃取技术相结合

通过这一方法可以获得高纯度的茶多酚，而且操作过程是非常安全的；并且在这种方法中，是用不到有机溶剂的，所以生产出来的茶多酚

符合医药与食品的要求。

使用方法

（1）在制作糕点、乳制品等食物中，如果加入一定量的茶多酚，不仅可以保持食品的独特风味，还可以有效抑制和杀死细菌，延长食品的保质期，大大地提高食品的卫生标准。茶多酚还可以去除食物中的酸，带来一种独特的风味。

（2）在一些茶类饮料、汽水以及果汁中加入茶多酚，可以阻止维生素A和维生素C等多种维生素的降解，从而使饮料中的各种营养成分不会流失。

（3）在各种蔬菜及水果的表面上喷洒一层低浓度的茶多酚溶液，可以起到保鲜的作用。这种茶多酚溶液，可以有效防止蔬果变色，还能够将蔬果表面的细菌和病毒杀死，从而对蔬果起到防腐灭菌的作用，让它们可以保存更长的时间。

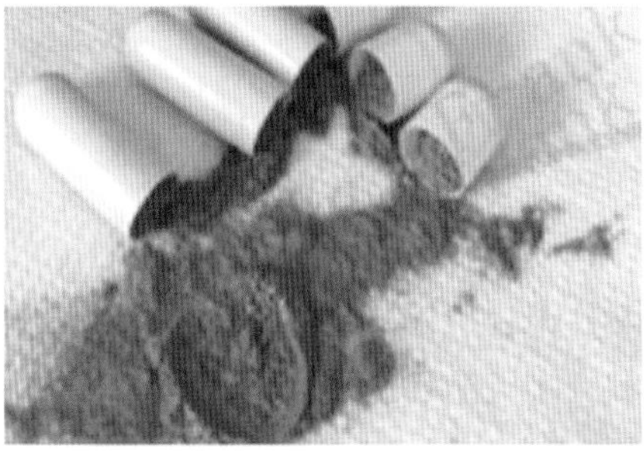

茶多酚

五、食用注意

（1）我国《食品安全国家标准　食品添加剂使用标准》（GB 2760—2014）对茶多酚的使用范围和使用的剂量（克/千克）做出了严格的规定，该规定的内容：基本不含水的脂肪和油限量为0.4，熟制坚果和籽类限量为0.2，油炸面制品限量为0.2，即食燕麦限量为0.2，方便米面限量为0.2。

（2）因为茶多酚也是一种咖啡因，在食用剂量过多的情况下，会使人体正常的生理调节出现问题，还会使人体出现疾病，故不可多食。

传说故事

传说在清朝乾隆年间，乾隆皇帝微服私访，来到了繁华的江南。

有一天他来到了一个叫作龙井村狮峰山的地方，山脚下有一座叫作胡公庙的小庙，胡公庙里的一位老和尚看见乾隆皇帝来了，便连忙迎接皇帝，并带着皇帝在狮峰山上游玩，乾隆皇帝玩得非常开心。突然间，他看见几名村妇在庙前的十八棵茶树上采摘着茶叶。乾隆问道："她们在干什么呢?"老和尚连忙答道："她们是在采摘茶叶呀!"乾隆皇帝感觉很是好奇，于是便亲自去采摘了一把茶叶。

乾隆皇帝在采了一把茶叶之后，正欲问身边的老和尚茶叶有何功效之时，突然间远处的太监慌慌张张地跑来。只见这位太监刚到乾隆皇帝身边就立马跪下，嘴里不停地说着："不好了，不好了，太后娘娘头晕昏倒了，请皇上速速回京!"乾隆一听母亲病倒了，内心十分焦急，便随手将茶叶放入了口袋，急急忙忙地跟随太监一起赶往京城。

皇帝一路风尘仆仆、披星戴月地赶到京城，没有停歇就赶向了太后宫中。看见太后之后，乾隆皇帝忙问太医太后的病情，才得知其实太后并没有什么大病，只不过许久没有看见皇帝，心中甚是担忧，于是肝火上升，胃中略感不适。太后看见皇帝平安归来之后，心中已是放心了许多，病情也有了好转，正要起身迎接皇帝，皇帝连忙前去搀扶。就在皇帝走近太后的时候，太后突然间闻到一股清新扑鼻的香气，于是疑惑地问皇帝："我儿身上有何物，竟如此清香，莫不是此次出行为为娘带来的礼物，快快拿出来，让为娘好好地看上一看。"皇帝疑惑道："儿臣此次回京甚是匆忙，并未为母后带些礼物。"说话间，皇帝在身上随手一摸，竟摸出了一把茶叶，皇帝笑道：“原来是在杭州龙井村随手采摘的一把茶叶呀，此物竟有如此清香。”说着皇帝凑上前去，细细一闻，果然香气宜人。

太后则是对这把茶叶非常好奇，很是奇怪，为何小小的一把茶叶竟有如此清新的香气，于是便向身边的宫女问来了茶叶的制作和使用方法，吩咐宫女将制作好的茶叶泡好之后再呈上来。泡好的茶叶在水中缓缓舒展，散发出了满屋子的淡淡清香。

太后娘娘闻了之后，感觉精神百倍，连忙端起杯子痛饮一口，太后娘娘喝完茶之后，感觉神清气爽，肠胃也舒畅了许多，病情也不药而愈。皇帝看见母后身体痊愈，非常高兴地笑道：“这西湖龙井莫不是灵丹妙药，竟有如此奇效。”于是让身边的太监传旨下去，将杭州的西湖龙井册封为御茶。

从这以后，西湖龙井的名气水涨船高，渐渐地被更多的人知晓，从而成为名扬天下的名茶。西湖龙井能有如此功效，其实是因为茶叶中含有大量的茶多酚，能够助消化、清心降火，还有着许许多多的保健功效，经常饮用对人们的健康是非常有益的。

薄荷油

薄荷花开蝶翅翻，风枝露叶弄秋妍。
自怜不及狸奴点，烂醉篱边不用钱。

——《题画薄荷扇》（宋）陆游

一、物种本源

名称

薄荷油（Mint oil），又名薄荷素油。

来源及分布

薄荷油多来自薄荷新鲜的茎或叶，我国主要产自江西、安徽等地。

形态特征

薄荷油是一种无色或者微黄色的液体，环境温度低时容易凝聚成为液体。有浓郁的薄荷香味和微弱的苦味。

其他特征

薄荷油可以与乙醇、氯仿等有机溶剂以任意的比例融合。放置一段时间后颜色会加深。

薄荷叶

二、主要成分

薄荷油的主要化学成分是左旋薄荷醇，含量在70%左右。另外，还含有左旋薄荷酮薄荷、异薄荷酮、胡薄荷酮、乙酸薄荷酯、苯甲酸甲酯、右旋月桂烯、β-侧柏烯、3-戊醇、2-已醇、α-蒎烯、β-蒎烯、3-辛醇、柠檬烯及桉叶素、α-松油醇以及乙酸癸酯等化学成分以及异瑞福灵、薄荷异黄酮甙、木犀草素-7-葡萄糖甙等黄酮类成分；迷迭香酸、咖啡酸等有机酸成分；天冬氨酸、丝氨酸、亮氨酸、谷氨酸、天冬酰胺、缬氨酸、苯丙氨酸、异亮氨酸、蛋氨酸以及赖氨酸等氨基酸成分。

三、食材功能

食用功能

（1）食品用香料

左旋薄荷醇作为薄荷油的主要成分，具有独特的分子结构，可以散发长久的薄荷香味，因此常在食品的制作过程中用作香味添加剂。

（2）防腐剂

薄荷油具有灭菌防腐的作用，因为其中含有很多挥发性成分，这能有效抑制大肠杆菌、枯草芽孢杆菌、金黄色葡萄球菌、酵母菌以及青霉素的生长繁殖，其中青霉素抑制效果最好，因此可实际应用于食品的防腐保鲜。

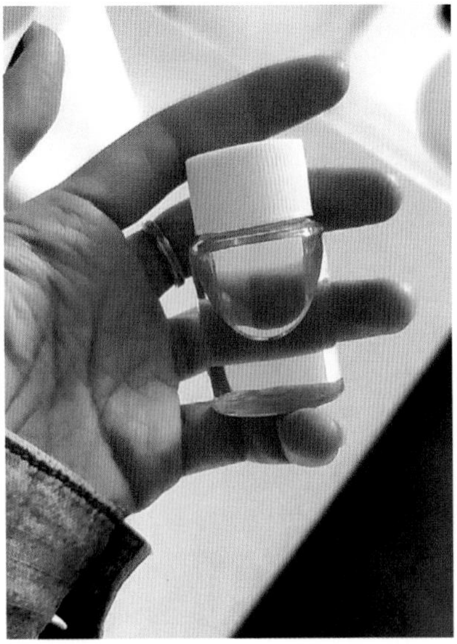

薄荷油

医学作用

（1）用于防止感冒发烧、温病初起。《重庆堂随笔》：患风热头疼龈痛，搽患处。生活中可以将薄荷油作为药物熏蒸剂进行熏蒸，让薄荷油进入呼吸道中，使身体中的汗大量排出，从而有效预防感冒。《中国医学大辞典》：清热散风。治头风，目赤，咽痛。牙疼，皮肤风热。

（2）可用于缓解头痛、咽喉肿痛。配合桑叶、菊花、蔓荆子等植物成分使用效果更好。

（3）薄荷油可用于皮肤或黏膜创伤处，以缓解疼痛感。《中药形性经验鉴别法》：治疝痛，下痢。

四、加工及使用方法

加工

提取薄荷油的方法为水提取法。首先将薄荷割下，去除植株的自然脱叶茎秆，散落摆放在露天场所晾晒。将晒干后的薄荷均匀放置在蒸笼中，将装满水的油水分离器摆放好，开大火加快水的沸腾，待油水分离器的出油口基本都有混合液流出时，保持加热状态继续蒸馏。蒸馏2个小时后，当流出液变为澄清时说明蒸馏完成，关闭热源，停止加热。上述蒸馏过程结束后得到的油是薄荷原油，原油再经过冷冻、结晶、分离、干燥、精制等过程，即可得到薄荷脑，薄荷脑经过提取后所残留的就是薄荷素油。

使用方法

（1）薄荷油主要在食品如口香糖中充当香味添加剂，为食品提供持久的香味，是用在橡皮糖中的主要香料。

（2）薄荷油可以在菠萝罐头、青豆罐头、果酱罐头、果酱及果冻的制作中使用，增加薄荷香味。

（3）薄荷油同样可以用于牙膏香精中，同时还有抑菌防护的功效。

薄荷糖

五、食用注意

（1）由于薄荷油见光遇热易分解，所以应当密封避热保存，并尽快食用。

（2）薄荷油有可能会引起过敏反应，对薄荷油过敏或者易过敏者谨慎使用。

传说故事

有一只聪明的猴子叫聪聪，他看见人类小朋友天天都刷牙，渐渐地他也学会了刷牙，并且养成了每天刷牙的习惯。每天早上起床的第一件事就是刷牙，一边刷牙一边念叨着：“刷牙好，刷牙棒，牙齿健康又漂亮！”

有一天，聪聪被朋友邀请到非洲游玩。因为走得太匆忙，聪聪将牙刷和牙膏落在了家里。到了早上的时候，聪聪发现没有办法刷牙，于是急忙到超市去买新的牙刷和牙膏。等到聪聪到了超市，在超市里转了一圈又一圈后发现，整个超市居然不卖牙刷和牙膏！聪聪感到很疑惑，回到朋友家中问朋友是怎么回事。朋友哈哈大笑，说道：“我们这里的人可不用牙膏，我们有更环保的方法刷牙。我带你去看看！”聪聪跟着他的朋友来到了一棵大树前，朋友告诉他我们都是用大树刷牙的。聪聪看了看朋友，又看了看树，不可置信地问：“大树怎么可能用来刷牙?!”朋友微微一笑，拿出一把小刀在树上削下来一小块树片，然后把它放到嘴里，像平时用牙刷一样刷牙。不一会，朋友真的满口泡沫，刷得十分干净。

朋友刷完，又用小刀削了一小块递给聪聪，让他试试。聪聪接过来，学着朋友的样子开始刷牙，刷完之后感觉满嘴留香，比牙膏还好用。朋友说：“这树里不仅含有大量皂质，还含有薄荷油，非常适合刷牙，所以我们把它们称作牙刷树。”

“哦，牙刷树！”聪聪兴奋地叫起来，“削块树片来刷牙，真奇妙！”

大豆分离蛋白

歇处何妨更歇些，宿头未到日头斜。
风烟绿水青山国，篱落紫茄黄豆家。
雨足一年生事了，我行三日去程赊。
老夫不是如今错，初识陶泓计已差。

——《山村二首（其一）》
（宋）杨万里

一、物种本源

名称

大豆分离蛋白（Soy protein isolate），又名豆蛋白质。

形态特征

大豆分离蛋白是一种含有人体必需氨基酸的蛋白类食品添加剂，大豆分离蛋白中有90%以上的成分是蛋白质，含有近20种氨基酸。其营养成分非常丰富，而且不含胆固醇，是植物蛋白中屈指可数的可用来代替动物蛋白的种类之一。

二、主要成分

大豆分离蛋白是由很多氨基酸经过肽键连接形成的有机多聚物，主要由清蛋白和球蛋白组成，其中清蛋白占总量的5%左右，而球蛋白占总量的90%左右。

大豆分离蛋白的存在方式不同，据此有两种分类方法：一是依据沉降指数的不同进行分类；二是依据免疫学特性的不同进行分类，能够将大豆分离蛋白分为α-浓缩球蛋白（15%左右）、β-浓缩球蛋白（28%左右）、γ-浓缩球蛋白（3%左右）、可溶性球蛋白（40%左右）四类。

三、食材功能

食用功能

因为大豆蛋白具有很高的营养价值，而且来源丰富、生产成本低、易加工，所以大豆蛋白在食品行业的各个领域都有广泛的应用。

（1）乳化作用

大豆分离蛋白是常见的一种表面活性剂，它不但可以使水和油的表面张力降低，而且可以使水和空气的表面张力降低。因此形成的乳状液很稳定。在制作焙烤、冷冻和汤类食品时，大豆分离蛋白充当乳化剂加入其中可使各类制品形态更加稳定。

（2）吸油性

在肉制品中添加大豆分离蛋白，可以形成阻止脂肪移向表面的乳状液和凝胶基质，因此对于脂肪吸收和脂肪结合起着关键的促进作用，在肉制品加工过程中脂肪和汁液的损失减少，肉制品的形态更加稳定，大豆分离蛋白的吸油率非常高，为154%。

（3）凝胶性

大豆分离蛋白的黏度、弹性和可塑性等物理性质很强，它既可以承载水，又能承载食品风味剂、糖和其他配合物，这对加工食品有至关重要的作用。

医学作用

目前，科学家们已经广泛研究了大豆在心脏保健、骨质疏松的预防和妇女更年期症状的减轻等方面的作用。因为大豆是一种高蛋白质含量的食物，并且不含胆固醇，所以大豆蛋白粉已经得到了人们的广泛使用。

（1）有效保证人体的正常生理需要

人体的氮元素主要来自蛋白质，蛋白质不仅可以提供耗费的能量，还可以用于合成新的组织。其中有数据表明成年人体内蛋白质含量占人体重的17%左右，并且每天都有3%的蛋白质参与新陈代谢。婴幼儿、青少年以及怀孕和哺乳期妇女除上述蛋白质起着的作用外，还需要合成新的组织供机体需要。

（2）预防心血管疾病的发生

在美国，医生提倡心脏病患者在吃降胆固醇药物之前，可以食用一

大豆蛋白粉末

些大豆分离蛋白粉。这是由于大豆蛋白质无毒、无副作用且便宜，可以有效地预防心脏相关疾病。

| 四、加工及使用方法 |

加工

首先将不溶物质分离除掉，这时就得到一种扩散有可溶性蛋白和某些非蛋白质的溶液（母液），将母液进行酸沉，把凝乳和乳清分离出来，凝乳通过清洗尽量除掉其中的非蛋白溶质，再通过喷雾干燥，就可以得到大豆分离蛋白粉。在进行喷雾干燥前，用不同类型的工艺处理分离蛋白凝乳，例如加双氧水、老化、酶解、中和处理、均质、改性和高温巴氏杀菌等方法，最后进行喷雾干燥，就能得到具有不同功能特性的大豆分离蛋白粉。

大豆分离蛋白粉是将大豆通过脱脂、除去或局部除去碳水化合物得到的含有丰富大豆蛋白的产品。

使用方法

（1）肉类制品

将大豆分离蛋白添加在肉制品中，肉制品的质量和风味得到改善，肉制品中的蛋白质和维生素等营养成分也得到强化。

大豆分离蛋白制品

（2）鱼糜制品

大豆分离蛋白可以用于各种海鲜类的制品，能替代20%～30%的鱼肉。

（3）乳制品

大豆分离蛋白可以替代奶粉以及各种各样的奶制品，营养成分十分丰富，并且不含有胆固醇。大豆分离蛋白还可以替代脱脂奶粉用来生产冰激凌，能够提高冰激凌的乳化作用，延迟乳糖结晶。

五、食用注意

（1）注意水温：用温水或冷水，温度不适宜过高。含乳清蛋白的蛋白粉中有许多拥有特殊生理功能的活性物质，一旦温度过高，会导致活性下降甚至消失，生物效价降低。所以含有乳清蛋白的蛋白粉的制品只能溶于40℃以下的食品中，也能添加在冷饮中。

（2）按推荐摄入量食用：因为每个生产厂家加工使用的原料、加工工艺不可能完全一样，所以要按照其各自标签说明书上推荐的食用量来食用，不能随便增减。吃得太少，达不到预期的目标；吃得太多，又会浪费或产生副作用。

（3）忌空腹食用：当我们空腹吃蛋白粉的时候，蛋白粉会被当作一种普通的“产热食品”消化掉，这就导致了优质蛋白质的严重浪费。因此蛋白粉的最佳食用时间是饭后或饭时，如果有病人只能吃流食，那么可以在牛奶、豆浆、麦片等食品中添加蛋白粉混合食用。

传说故事

八公山豆腐，又名四季豆腐，是安徽省淮南市的一种地方传统小吃，其晶莹剔透、白似玉板、嫩若凝脂、质地细腻、清爽滑利，无黄浆水味，托也不散碎，成菜色泽金黄，外脆里嫩，滋味鲜美。关于八公山豆腐的由来，还有一段有趣的传说呢。

刘安是汉刘邦的孙子，建都于淮南国寿春县（今安徽省淮南市寿县）。刘安好道，一直琢磨着怎么才能长生不老，他不惜重金，招纳四方宾客方士，养在府中。

一天，有八公登门求见，门童见是八个须发如银的老者，轻视他们不会什么长生不老之术，不予通报。八公见此哈哈大笑，于是变化成八个角髻青丝，面如桃花的少年。门童一见大惊，急忙禀告淮南王。刘安一听，顾不上穿鞋，赤脚相迎。八位又变回老者。恭请入内上坐后，刘安拜问他们姓名。原来是苏非、李尚、田由、雷被、伍被、晋昌、毛被、左吴八人。八公一一介绍了自己的本领：画地为河、撮土成山、摆布蛟龙、驱使鬼神、来去无踪、千变万化、呼风唤雨、点石成金等。刘安看罢大喜，立刻拜八公为师，一同在都城北门外的山中谈仙论道，苦心修炼长生不老仙丹。

当时淮南一带盛产优质大豆，这里的山民自古就有用山上珍珠泉水磨出的豆浆作为饮料的习惯，刘安每天早晨也总爱喝上一碗。一天，刘安端着一碗豆浆，在炉旁看炼丹出神，竟忘了手中端着的豆浆碗，手一撇，豆浆泼到了炉旁供炼丹的一小块石膏上。不多时，那块石膏不见了，液体的豆浆却变成了一摊白生生、嫩嘟嘟的东西。一仆从大胆地尝了尝，觉得很是美味可口。可惜太少了，能不能再造出一些让大家来尝尝呢，刘安就让人把他没喝完的豆浆连锅一起端来，把石膏碾碎搅拌到豆浆里，一时，又结出了一锅白生生、嫩嘟嘟的东西。刘安连呼“离奇、离奇”。这就是八公山豆腐初名“黎祁”，盖“离奇”的谐音。

后来，仙丹炼成，刘安依八公所言，登山大祭，埋金地中，白日升天，有的鸡犬舔食了炼丹炉中剩余的丹药，也都跟着升天而去，流传下来了“一人得道，鸡犬升天”的神话，也留下了恩惠后人的八公山豆腐。

蜂蜡

密叶蜡蜂房，花下频来往。
不知辛苦为谁甜，山月梅花上。
玉质紫金衣，香雪随风荡。
人间唤作返魂梅，仍是蜂儿样。

——《卜算子·密叶蜡蜂房》
（宋）李石

一、物种本源

形态特征

蜂蜡是工蜂腹部的四对蜡腺分泌的蜡，呈淡黄色、中黄色、暗棕色及白色不透明、不规则的五角形形状，具备蜜和粉的独特香味。切面呈现细小颗粒的结晶结构。咀嚼容易黏牙，在咀嚼后变成白色，没有明显的油脂味。

其他特征

蜂蜡的相对密度为0.954～0.964，熔点为62～67℃。蜂蜡不溶于水，微溶于乙醇，溶于苯、甲苯、氯仿等有机溶剂，但在一定条件下，蜂蜡能和水构成乳浊液。

白蜂蜡

二、主要成分

蜂蜡烷烃的主要成分有十六烷类烷烃、十七烷类烷烃、十八烷类烷烃、十九烷类烷烃、棕榈酸、邻苯二甲酸二丁酯、十九碳二烯酸、十九碳烯酸、二十烷、二十一烷、二十二烷、二十三烷、二十四烷、二十六烷、二十八烷、三十烷、三十烷醇、三十二烷醇。

三、食材功能

食用功能

（1）被膜剂

蜂蜡具有独特的化学结构，能在食品表面形成一层保护膜，可在食品加工行业用作被膜剂。

（2）水分保持剂

蜂蜡由于其独特的物理化学性质，能够在食品表面形成一层阻止食品水分流失的薄膜。

（3）抗氧化剂

蜂蜡是食品行业的一种重要用料和离型剂，可以防止食物发生氧化变质，能够充当食品涂料、食品包装和外衣。

医学作用

（1）蜂蜡微甜，能解毒敛疮、生肌止痛。平时酗酒，吃一些辛辣、油腻的食物，会导致体内产生湿热。如果皮肤受损不易愈合，可以将蜂蜡和黄柏一起研成粉末，外敷在伤口上。

（2）在医药行业中，蜂蜡常被用来制作牙科铸造蜡、基托蜡、粘蜡和药丸的糖衣外壳。

（3）蜂蜡中含有很多抗菌成分，所以对一些普遍常见的真菌、细

蜂蜡护木

菌、病毒有特定的抑制和灭杀作用。

| 四、加工及使用方法 |

加 工

（1）蒸煮法提取蜂蜡就是通过蒸煮蜂巢来提取蜂蜡，这种方法是根据蜂蜡在水中的溶解性很低的特性产生的。提取时的比例为1∶3，即准备一份蜂巢或者蜂巢残片，再准备三倍水备用。

（2）将准备好的蜂窝切碎，放入布袋中，放入锅中，加水加热，再煮沸30分钟。煮时继续用重物按压袋子中的蜂窝，尽可能挤压出蜂蜡并煮熟，温度下降会形成蜡。

（3）将准备好的不规则蜡块放入耐热容器中，并用水加热。一旦容器中的所有蜂蜡融化，将其倒入准备好的模具中，待其冷却，就可以得到蜂蜡块。

使用方法

（1）蜂蜡的主要化学成分是脂类和醇类化合物，能直接食用，在民间还有一个蜂蜡炒鸡蛋的土配方。

（2）平常宜取少量的蜂蜡直接咀嚼食用，将残渣吐掉之后喝少量的温水，不但食用方法特别便利，而且还可以缓解四肢无力、心慌气短、牙龈出血等症状。

（3）猪肝具备很强的补身效果，但其口味较涩，故将猪肝和蜂蜡一起炒着食用，能够帮助治疗和促进受损的胃黏膜的恢复，滋润胃肠道和强身健体。

五、食用注意

（1）过敏体质人群忌食。

（2）不要过量食用。

（3）由于蜂蜡不容易被人体消化吸收，因而脾胃不好的人忌食。

（4）蜂蜡不能替代药物发挥作用，所以如果身体有疾病，必须及时去医院就诊。

传说故事

在一个森林里，有一个用泥土做成的小屋。小屋里住着三个小男孩和他们的妈妈。妈妈的眼睛白天可以看见东西，一到夜晚看东西便不清楚，给生活带来了诸多不便，也让孩子们很苦恼。

一天，大儿子对家里人说："我们需要找到一个宝贝，只有它才可以让妈妈的眼睛好起来。"小屋里的三个孩子是最勇敢、最智慧的三个人，他们决定出门去寻找宝贝。

大儿子最先出发。他走啊走啊，翻过高高的大山，来到一个村庄。村庄边的田间绿莹莹的。走近一看，叶子毛茸茸的，下面一点橙红的部分躲藏在绿叶下窥探外面的世界，害羞似的偷偷钻出头来。哦，是一颗颗又大又长的胡萝卜，在萝卜缨子的衬托下显得格外的漂亮。大儿子对胡萝卜说："亲爱的胡萝卜，你能让我将你带回家吗？"胡萝卜哈哈大笑，跳进了他的背篓。大儿子背着胡萝卜，回家去了。

二儿子呢，翻过了高高的雪山，穿过森林，来到一片原野。他一步也走不动了，又累又饿。正在这时，一只小蜜蜂向他飞过来。二儿子对小蜜蜂说："亲爱的小蜜蜂，你能让我带点蜂蜡回家吗？"小蜜蜂跳了段八字舞，把它自己最珍贵的蜂蜡送给了二儿子。二儿子带着蜂蜡，回家去了。

三儿子最后一个出发，他翻过高高的雪山，来到一个小木屋前。当三儿子走到木屋门前时，木屋的门自动开了。原来，这里是猎人的家。猎人对他说："亲爱的孩子，我知道你在找可以治疗妈妈眼睛的宝贝。"于是猎人把一串猪肝送给了三儿子。三儿子带着猪肝回到了自己的家。

三个孩子把这些礼物带回家，煮给妈妈吃，不久，妈妈的夜盲症就好了。

石蜡

薄衣覆果亦曾餐，凝眼难从细处看。
涂外偏能防腐败，植膜足可补秾繁。
涂颜易促心头热，添烛容消夜里寒。
总为人间多物用，逢春不觉皓天宽。

——《吟石蜡》（现代）杨俊义

一、物种本源

名称

石蜡（Paraffin wax）是一种高级烷烃混合物。按照外观形态分类，石蜡可分为液体石蜡和固体石蜡。液体石蜡，又名白油、矿物油。

形态特征

在室温下，液体石蜡为无色无荧光的透明油状液体，无臭无味，加热后会伴有轻微的石油臭；固体石蜡是一种天然的矿物蜡，为无臭无味的白色或半透明状固体。固体石蜡不溶于水，但可溶于醚、苯和一些酯。黏度低，质地坚硬，没有延展性，有明显的脆性。

其他特征

石蜡的化学性质较为稳定，不易发生常见的化学反应，但可以燃烧。

石蜡块

二、主要成分

液体石蜡的熔点通常在40℃以下，为碳原子数在6~20的正构烷烃混合物。其中，轻液蜡的碳原子数在C6~C14，重液蜡则为C14~C20。固体石蜡熔点稍高，为47~64℃，是主要成分为C26~C30的饱和直链烷烃，通常情况下为一种包含多种烃的混合物。

三、食材功能

食用功能

（1）被膜剂

由于石蜡的疏水特性，可将食品级石蜡均匀涂在某些食品表面，从而形成一层石蜡薄膜，作为食品的防潮涂层。石蜡涂抹后的食品，不仅色泽明亮光鲜，而且可以防止食品中水分蒸发，起到保质保鲜的作用，从而延长食品的保质期。

（2）食品工业加工助剂

食用级石蜡可涂抹在食品表面，防止食品在加工过程中产生相互粘连，较多应用于硬质食品；作为脱模剂，例如烘焙锅和面包脱模剂，防止在加工过程中食品对模具或烤盘的粘连和腐蚀，从而防止刺激性气体的产生；作为食品级液压油、轴承油、齿轮油，在食品加工机械中起到润滑的作用。

液体石蜡

四、加工及使用方法

加工

我国大多数润滑油型炼油厂生产石蜡的主要方法是甲乙基酮-甲苯脱蜡脱油联合工艺。精制方法为溶剂脱蜡精制。具体方法为直接加入溶剂对脱蜡所得蜡膏进行稀释，并将溶液在一定条件下进行过滤、脱油，最后制得脱油蜡或者低含油蜡。

生产高熔点石蜡的工艺方法，是以54℃、56℃、58℃加氢食品级石蜡为原料，将原料加热升温至120～140℃之后加入所需添加剂。生产不同熔点的石蜡产品，需要添加不同种类的添加剂。

对于液体石蜡的精制生产工艺。首先要将液体石蜡置于密闭的容器瓶内充分搅拌1.5～2.5小时，搅拌充分后在25～28℃的温度下静置3～5小时。继续升温至30～32℃后静置，此时沉积物析出明显增多。2～3小时后，沉积物基本全部析出，并将所有沉积物分离去除，得到液体石蜡。将得到的石蜡先用水洗涤，静置分层。由于密度的差异，溶液会分为两层，上层为油层，下层为水层，并且在水层与油层之间会因乳化而出现一层薄薄的灰黑色絮状物。重复洗涤直至无絮状物，分离得到石蜡。最后，进行氮吹处理，以去除所含的氯化氢气体，最终得到精制的液体石蜡。

食品级石蜡

使用方法

（1）将液体石蜡涂抹在水果表面，可以形成一层保护型薄膜，从而延缓水分蒸发，防止微生物侵入。该薄膜也可以作为气调层，延长腐败时间，保质保鲜。

（2）石蜡可应用于药品和化妆品制备过程的生产原料，例如药膏、防紫外线乳液、口腔护理等产品，也可作为治疗药物的配制载体，用来生产洗发水、面霜、身体乳、润肤露、眼影、唇膏、戏曲妆、肥皂、精油、洗面奶等护肤品。

（3）粮食在储藏和运输的过程中，往往会产生大量的粉尘造成损失，同时也存在粉尘爆炸、职业病及环境污染的危险。在粮食表面直接喷涂低黏度的石蜡，可起到降尘的作用。

五、食用注意

（1）《食品安全国家标准　食品添加剂使用标准》（GB 2760—2014）规定，液体石蜡在除胶基糖果以外的其他糖果和鲜蛋的最大使用量是5克/千克。

（2）根据《食品级石蜡》（GB 7189—2010）标准的要求，现有加氢法生产的食品包装蜡基本不存在问题。但长期食用石蜡可导致食欲衰减，对脂溶性的维生素吸收减少，并发生消化系统障碍。

延伸阅读

早在公元1世纪，老普利尼在所著的《博物史》中就出现了利用矿物油代替传统农药保护植物的相关记载。17世纪，人们已经掌握了利用煤油防治柑橘树介壳虫的方法，具体方法为简单的直接涂刷。到了18世纪，人们逐渐学会了将一种乳化液作为农药使用，这种乳化液是由质量分数为15%的煤油与肥皂水混合制成的。20世纪初，有关矿物油的相关研究逐渐展开，研究重点主要集中在防虫农药上。当时的科学界普遍认为，较重的320～400℃馏分矿物油具有十分明显的防治虫害效果。然而近期的研究则产生了相反的结论，认为窄馏程（30～50℃）的矿物油可能具有提高药效和降低药害的特性。

1999年，由联合国粮农组织（FAO）和世界卫生组织（WHO）发布的“有机食品生产引导”中，农用矿物油被列为认证后可使用的农药。农用矿物油也被美国全国有机食品标准委员会列为建议在有机食品生产上使用的农药。澳大利亚全国可持续农业协会是国际上有机食品认证的权威单位，也允许使用农用矿物油作为保护植物的农药。《澳大利亚新西兰食品标准法典》中规定了农药最大残留限量的标准，其中并没有对石蜡油和矿物油的残留量有任何限制。我国也于2014年4月1日实施了《绿色食品生产农药使用准则》（NY/T 393—2013），其中，石油类矿物源农药被列为允许使用的三类农药（天敌、生物源农药、矿物源农药）之一。

琼脂

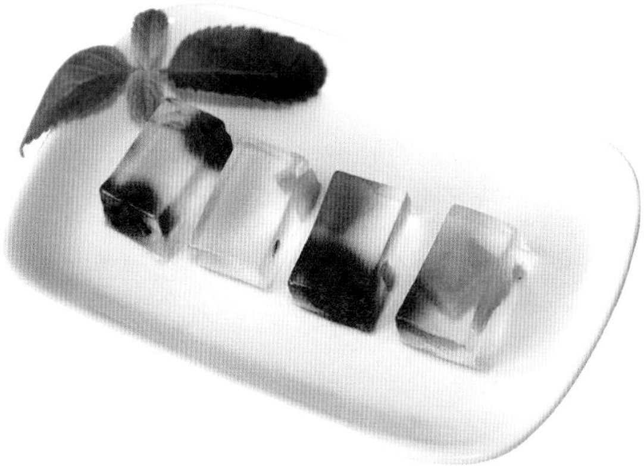

重游名山三月暮，杂花洞口春溟濛。
扪萝累足入地底，逸思飘然凌太空。
举头颠厓若覆盖，琼脂玉乳悬玲珑。
危台百尺俯幽奥，疑与玄圃沧溟通。

——《张洞纪游用万弘德上舍韵》（节选）（明）杭淮

一、物种本源

名称

琼脂（Agar），又名琼胶、冻粉、洋菜、海东菜，是一种植物胶类原料，在古代有“素燕窝”的美名。

常温下，琼脂通常为无色或半透明状粉末，无臭无味。在冷水中不易溶解，但经过长时间浸泡后，它会缓慢吸水膨胀，最多能吸收相当于其体积二十多倍的水。在沸水中，琼脂会分散形成溶胶。待沸水缓慢冷却下来后，琼脂会形成半透明的凝胶状物。明代李时珍《本草纲目》中已有关于琼脂的记载。清代赵学敏《本草纲目拾遗》曰：“近时素食中盛行一种素燕窝，宁波洋行颇多，形白而细长……厨人买得，汤沃之即起涨，蕤蕤然凝白类官燕，以入素馔为珍品，食之亦淡而少味。”琼脂在国内的主要产地为山东、广东两省及其他沿海地区。

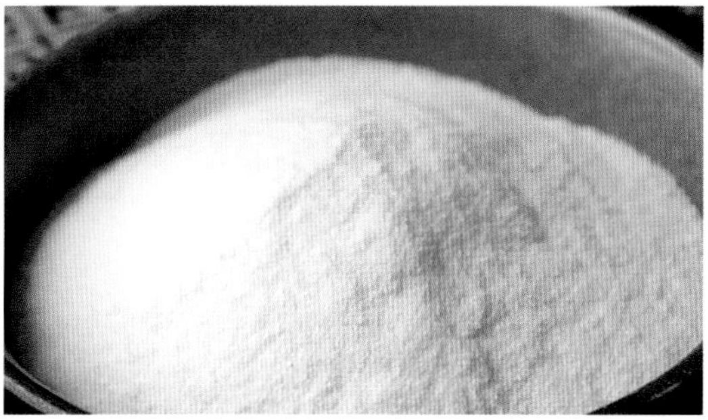

琼脂粉

二、主要成分

《中华人民共和国药典》记载，琼脂是石花菜等多种红藻类植物浸出并脱水干燥的黏液质，其主要成分为多聚半乳糖的硫酸酯，根据不同的来源，其中还可能含有葡糖醛酸或丙酮酸。

三、食材功能

食用功能

（1）凝固剂

琼脂溶液一般在低温时就会形成固体凝胶，但已经形成固体的凝胶必须加热至80℃以上才能重新融化。正是因为它的这种高滞后性，我们可以将其用在许多食物的加工过程中。不同来源的琼脂可制成不同质构的稳定凝胶。

（2）增稠剂

琼脂可作为增稠剂使用，其增稠原理是低浓度时，琼脂溶液具有无拉丝、触变性、无糊状感的特性，从而形成较弱的凝胶化力。这样会使食物具有良好的黏稠度，而且不会破坏食物本身的口感及风味。

（3）稳定剂

琼脂在低浓度的溶液中会形成弱的三维网状结构，这种三维网状结构可防止不溶性成分的沉淀，在食品中可作为稳定剂使用。

（4）存水剂

琼脂具有十分强的保水力，能够吸收相当于自身体积二十多倍的水分。因此，可用于制成滑润、纹理细腻的食材。

条状琼脂

医学作用

（1）琼脂具有降脂作用，主要用于治疗支气管炎、肺炎、痰结、肠炎等。

（2）琼脂能够吸收肠道中的水分，体积膨胀，使肠道扩张，加大排便量，从而改善便秘的症状。

（3）琼脂中富含多种人体所需的矿物质和维生素，其中所含的褐藻酸盐类物质有降压功能，淀粉类硫酸酯有降脂作用，可以在一定程度上缓解高血压、高血脂等疾病。

（4）可用于清热祛湿、滋阴降火、清肺化痰、凉血止血。

四、加工及使用方法

加工

石花菜、麒麟菜等红褐藻类是提取琼脂的主要原料，其红藻类生产工艺为，第一步，经过水预处理除去溶于水的杂质来提高凝胶的强度；第二步，经过水洗后进行酸化漂白与脱氯处理；第三步，进行水洗、蒸汽煮胶、过滤渣，使其在15℃条件下缓慢凝固；第四步，脱水干燥得到最终成品。

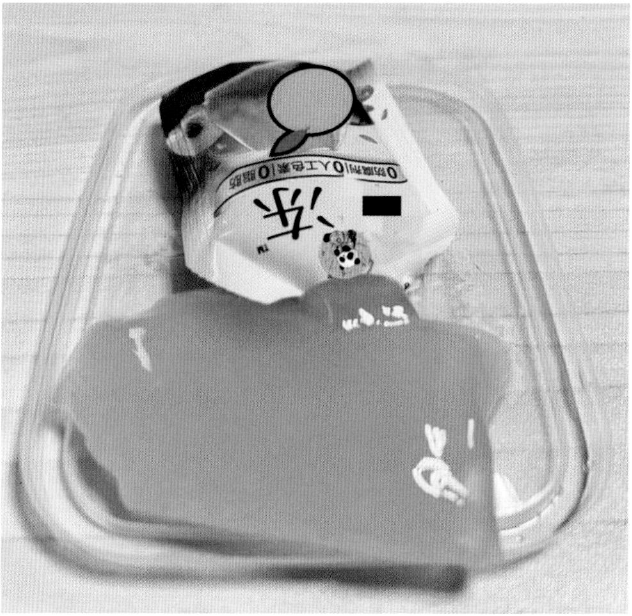

果　冻

使用方法

琼脂在诸多食物中作为主要添加剂，其使用方法有以下几个方面：

（1）琼脂在烘焙食品中用途广泛，常用于制作西式糕点、水果点心皮、水果派皮、蛋白膏等。

（2）琼脂可用于制作果酱。例如在制作柑橘酱时每500千克橘肉、橘汁加琼脂3千克；在制作低糖菠萝酱时，每125千克碎果肉中加入琼脂1千克。

（3）琼脂也用于水果保鲜，它可与山梨酸、异抗坏血酸钠等混合共用，制成溶液后喷于水果表面。同样也可以用于面包和蛋糕的保鲜。

五、食用注意

（1）琼脂不能过食：过量食用琼脂会影响健康，可能导致白内障。

（2）琼脂不能与酸性食物同食：酸性食物可能会导致营养流失，不利于营养成分的吸收。

（3）琼脂不能与气味重的食物同食：气味较重的食物与琼脂同食时不仅会影响琼脂本身带来的良好口味，还会使琼脂中的营养受到影响。

传说故事

传说秦时有一方士，名为徐福，受秦始皇之命出海寻求长生不老之术。经过不懈的努力，徐福成功探索出了东渡扶桑的海上航线，并在那里求得了大量的长生不老药。

于是徐福暗生私心，将已寻得长生不老药的事实秘而不报，而向秦始皇谎称确有神药，但是需要用三千童男童女以及各种贡品来与神仙交换。秦始皇求长生心切，未经调查，竟信以为真，便一口答应了徐福的全部要求。

徐福得到众多珍品及三千童男童女后，经过长途跋涉，最终抵达了一个犹如人间仙境的地方，与世隔绝，并自立为王。

一晃数十年，秦始皇未能等到徐福的不老神药，怀恨而去。

话说一名当初跟随徐福东渡扶桑的姜姓海上渔民，因他岁数渐长而未能再次被徐福征用出海。当年徐福曾命他们将长生不老的种子偷偷种植在不为人知的小岛上，种子结出的果子大小犹如核桃，味浓，叶甘。此时，年近古稀之年的姜姓渔民身体逐渐老去，他回想起当年跟随徐福藏匿长生不老药的经历，并对徐福所谓可千年不老不死的果子充满了渴望。于是他带上自己的子孙悄悄出海，想寻回那神奇的果子为自己续命并永传后代。

经过很久的航行，姜姓渔民终于凭记忆到达了当年的小岛。他发现小岛虽已被海水淹没，但神药竟还生长在海底。于是他们将神药采集打捞上来并带回家中。

自此之后，姜氏族人便有了每年出海打捞神药的传统。姜姓渔民所在的村落被称为姜格村，姜氏族人打捞的海底植物因其表面如石头一般，被称为大石花菜，姜氏的后代也发明了加工大石花菜——黄海琼脂的生产工艺，并将其流传下去。

甘油

晶液合成结世缘，添加食品保其鲜。
稳糖调味增能量，补水润滑合自然。

——《甘油》（现代）于泉洲

一、物种本源

名称

甘油（Glycerol），别名丙三醇。

形态特征

甘油，无色透明，微甜但黏稠。

其他特征

甘油难溶于苯、$CHCl_3$、CCl_4、CS_2、石油醚以及油类，但常作为溶剂使用。甘油，相对密度1.26362，相对分子质量92.09，熔点17.8℃，沸点达到290℃。甘油的分子式为$C_3H_8O_3$，每克甘油完全氧化可产生16.74千焦（4千卡）热量，经人体吸收后不会改变血糖和胰岛素水平。

二、食材功能

食用功能

（1）水分保持剂

甘油的官能团中有3个羟基，可以与水分子中的氢形成氢键，持水性较好，可以营造水分子氛围而保持表面的湿度，所以可以作为水分保持剂加入食品中。

（2）调味剂

水果种类繁多，但是大部分的水果，或多或少都含有苦涩味的成分，即单宁。而甘油应用于食品工业中，作为食品添加剂，可以改善食品中因单宁带来的异味，调节其本身的酸甜度，所以可作为调味剂使用。

医学作用

（1）可以使体内血糖和胰岛素水平维持相对稳定

《欧洲应用生理学》中的一项研究显示，科学家选取六名无任何症状的健康男性，将其两两分组，然后称量体重，在下达运动指令三刻钟之前为每位志愿者提供葡萄糖或甘油食用，设定固定剂量为0.5克/磅。服用后，让三组志愿者同时做同样的运动。结果发现，只食用葡萄糖的志愿者，对比运动前的血糖和胰岛素水平，人体血糖提高了50%，血液中胰岛素含量是原来的4倍；而食用甘油的志愿者，除在运动刚开始时血液中甘油水平提高了340倍，后续运动之后测定的血糖和胰岛素值基本没有升高和降低的迹象。

甘 油

（2）作为一种能够提供能量的酸性物质，保护人体健康

《国际运动医学》中的一篇研究报道表明，甘油可能是一种能量酸，在人体超负荷状态下能够为人体提供部分能量。科学家选取阿斯帕坦——一种营养性甜味剂作为对照组，设置甘油为实验组。参与的志愿者均要在亚极限运动负荷下，称量体重后让每位实验人员分别食用1.2克/千克质量分数为80%的水溶性甘油或26毫升/千克阿斯帕坦。实验证明，食用甘油后，做相同的运动，但运动时长可提高到原来的1.2倍，在此期间还可以降低心率。高温条件下，食用甘油，利用其保水性特质还可帮助人体减少水分的丧失。

（3）作为溶剂，充当保护剂

菌种冷冻时，常因细胞过度失水而失效，甘油作为一种保护性溶剂，氢键之间和其与水分子之间的作用力可维持细胞结构保持不变，因此利用甘油的保水特性进行防护，还可起到一定的防冻作用。在医药研究方向，通常对甘油进行加工，成为各种制剂、溶剂、配剂、栓剂、除湿剂和防冻剂等，例如制得的甘油栓剂有润滑的效果，可促进大便的排泄，在临床应用时，针对幼儿与老年便秘患者，常采用该药品进行治疗。

三、加工及使用方法

加工

目前在中国，九成以上的甘油都是天然的。但是，由于其广泛的食用价值、药用价值、工业用价值，人类对合成甘油的技术手段不断深入，到现在为止，较为成熟的批量生产甘油的工业合成方式是以丙烯为原料，制得成品为合成甘油。天然甘油和合成甘油的不同就在于原材料的选取。

选取天然油脂作为原材料，制得成品为天然甘油。19世纪80年代之前，甘油基本上还是从动植物脂制皂的副产物中回收后再制备所得的。发展到今天，近半的甘油成品虽然依旧采取上述方式，其余基本来自脂肪酸生产，并且占比不断上升。工业制皂工艺过程中，油脂皂化的反应产物由于溶解性不同，自动上下分层，上面主要是脂肪酸钠盐及少量粗甘油，其中碱性甘油稀溶液占比为12.5%左右。对于下面的废碱液层，采用连续高压水解法处理，净化简单快捷，然后对粗甘油进行蒸馏、脱色、脱臭等步骤可得到精制天然甘油。

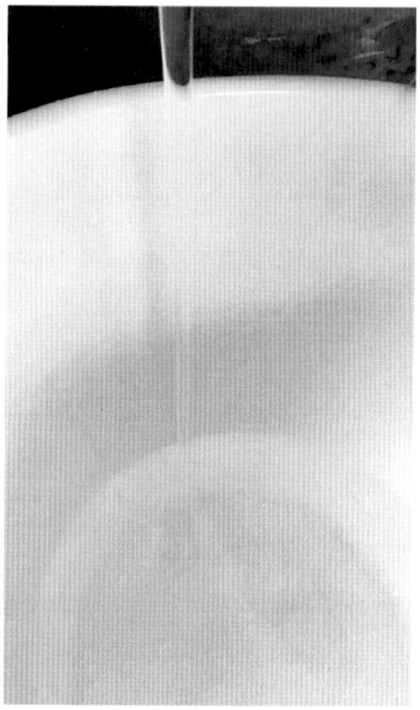

甘油香精

使用丙烯对甘油进行合成处理有多种类型和方式，普遍认可的是氯化和氧化两种途径。

使用方法

（1）在运动食品和代乳产品配方中，添加甘油替代部分高热量的碳水化合物，可降低碳水化合物的摄入量，在不增肥的基础上达到饱腹的目的。

（2）甘油作为供能物质以及保水特性，高强度运动量的人员食用后，可帮助他们把体表及皮下的水分转移到血液和肌肉中，是一种效果显著的补剂。

（3）由于甘油栓剂的润滑作用，可用来清洁肠道，在医学上也可以用于降低颅内压和眼压。

食用甘油颗粒

四、食用注意

（1）GB 29950—2013中规定，食品工业用的液体甘油，无色透明，性状黏稠。甘油的质量分数为95.0%～100.5%，铅含量小于1毫克/千克。食用过量甘油可先自行催吐，若不慎入眼，要即刻用清水清洗并及时就医。

（2）不同种类的食品，甘油添加量略有不同。为去除果酒类苦涩味，在果汁、果醋等饮料中，甘油添加量在1%左右；在肉品加工制作时，如腌腊制品，常选取植物精化甘油用量控制在1.2%～1.5%。

延伸阅读

甘油在被发现150年以来，不管是加温还是冷藏都没有成功使其结晶化。但是在1920年，船员在送往意大利的某艘货船上发现甘油结晶化了。为了分析这块可以结晶的甘油，结晶被分成了几份交给科学家们进行研究，并希望以此结晶作为晶种来生产大量的甘油结晶以供使用。还没研究出结果，一件神奇的事情发生了，不知道什么原因，之前被密封在容器里的甘油也都开始结晶化了。事情并没有就这样结束，按当时的理论来看，甘油的温度只有达到17.8℃以下，才有可能自然结晶化。在这件事情发生之前，甘油却从来没有成功结晶化，但是当某些甘油偶然地结晶化以后，所有的甘油突然都可以结晶化了……它们好像通过某种看不见的“场”建立了“交流”，把结晶化的方法传递给全世界的甘油！这就是甘油结晶化的故事。

石膏

君不见太和钟步江水边，土山屼嵲相钩连。
何年下凿石膏出，黄壤深蟠白龙骨。
篝灯掘隧不计深，前者方压后复寻。
问之此人何为尔，皆云得之可牟利。
自从岭外南盐通，糅炼和之颜色同。
贩夫重多不较味，舟车四走如奔风。
晨输夜挽尽筋力，官有禁刑私不息。
蒸溲药食能几何，十有八九归鹹鹾。
我叹天公生此亦何补，掘尽终当变为土。
又愁地脉郁积还更生，万古奸利滋不平。
安得神人蹴之尽崩溃，民乐真淳永无害。

——《石膏行》（元）刘崧

一、物种本源

名称

石膏（Gypsum）包括生石膏和硬石膏这两种矿物。其中，生石膏又名二水石膏、水石膏或软石膏。

来源及分布

波兰的维利奇卡、瑞士的贝城、德国的施塔斯富特、美国的波特、奥地利的布莱贝格和中国南京的周村等都是世界著名的石膏产地。

形态特征

生石膏宏观上呈白色、灰色、淡黄色或者红褐色，透明或者半透明，具有玻璃、丝绢或珍珠光泽；微观上为单斜晶系，常见晶体呈板状、致密块状或者纤维状。物理性质上，可弯曲但无弹性，摩氏硬度为2，比重为2.31～2.3克/厘米^3。

硬石膏为无水硫酸钙（$CaSO_4$），常见颜色为白色或者灰白色，也有玻璃光泽。但微观上为斜方晶系，其晶体形状除板状和致密块状外，还可呈细粒状。物理性质与生石膏相似，摩氏硬度为3～3.5，比重是2.8～3.0克/厘米^3。

天然石膏粉末

二、主要成分

石膏的主要化学成分为硫酸钙（$CaSO_4$）的水合物，是一种单斜晶系矿物。

生石膏的具体成分为

SO_3	46.5%
CaO	32.6%
H_2O	20.9%

硬石膏的具体成分为

SO_3	58.8%
CaO	41.2%

在生产使用中常有黏土、有机质等机械混合物进入，所以有时会有SiO_2、Al_2O_3、Fe_2O_3、MgO、Na_2O、CO_2、Cl等杂质。

石膏豆腐

三、食材功能

食用功能

（1）凝固剂

在罐头食品和豆制品的生产中，常常加入石膏作为凝固剂使用，特

别是豆腐。黄豆富含蛋白质，含量高达36%~40%，因此是生产豆腐的主要原料。点豆腐的原理就是通过石膏的电解质作用使蛋白质聚集从而与水分离，再经水泡、磨浆、过滤、加热、点豆腐等步骤制作得到蛋白质胶体，得到最终的豆腐。

（2）增稠剂

罐头食品中的水果和蔬菜在长时间储存运输中，经常会因为颠簸震荡而造成组织破损和散裂。罐头中的硫酸钙可减少因外力造成的食品破散，起到组织强化剂的作用，可以单用或与其他凝固剂合用。

（3）营养强化剂

因为石膏主要的化学成分为硫酸钙，在加工大豆制品的过程中添加石膏作为凝固剂和增稠剂，会进一步增加豆制品的含钙量。普通豆腐、豆腐干、豆腐皮、素鸡、豆腐卷等豆制品本身含钙量较高，加入石膏后，含钙量更高，是食物补钙的首选。

医学作用

（1）解热作用

人或者动物发热后，可服用生石膏解热退烧，退热效果反应迅速，持续时间较短。但生石膏并不会降低正常人畜的体温。

（2）对心血管系统兴奋、抑制作用

已有研究显示，石膏可以影响动物的心血管系统。例如，离体蟾蜍心和兔心会因小剂量的石膏浸液产生兴奋。逐渐加大剂量，兴奋状态会转为抑制状态，换液后恢复到正常状态，但对于蛙的在位心脏无明显影响。

药用生石膏

（3）对平滑肌振幅大小作用

与对心血管系统的作用相

似，不同剂量的石膏上清液会对家兔的离体小肠振幅产生不同的作用，小剂量可以使之增大，大剂量则会导致紧张性降低，即振幅减小。

四、加工及使用方法

加工

一般有两种石膏的加工制备方法：一是可以利用氨法生产碳酸钠的副产品氯化钙，再加硫酸钠制得石膏；二是使硫酸与生产有机酸的中间体所得的钙盐发生反应，从而获得石膏。

使用方法

我国《食品添加剂使用卫生标准》规定，石膏可以作为凝固剂，按正常生产用量添加到罐头和豆制品中。如制作豆腐时，石膏在豆浆中的具体参考用量为2～14克/升。如若过量添加，会有苦味产生。并且，随着气候的变化，不同季节石膏使用量也稍显不同，夏天大致为原料的2.25%，冬天则提升至4.1%。当制造干豆腐时，夏日使用石膏量约为2%，冬季约为4.3%。

五、食用注意

（1）添加石膏生产的豆腐质细嫩，水分饱满，弹性好且不易破裂。但因石膏难溶于水，故不可过度添加，以防止因石膏使用量过大而产生残留涩味和杂质。食用含有过量石膏的豆腐，还可能会出现疲倦无力、精神萎靡、没有食欲等症状。

（2）药用时，不适用于脾胃虚寒及血虚、阴虚发热者。与四环素族抗生素、异烟肼、强的松软膏等西药同时使用时，石膏会使这些西药的疗效减弱，生物利用度降低。

传说故事

西汉初年，汉高祖刘邦之孙淮南王刘安，欲求长生不老之术，不惜重金，广招江湖方术之士炼丹修身。

一天，有人登门求见，门吏见是八个白发苍苍的老者，轻视他们不会什么长生不老之术，不予通报。八公见此哈哈大笑，遂变化成八个角髻青丝、面如桃花的少年。门吏一见大惊，急忙禀告淮南王。刘安一听，顾不上穿鞋，赤脚相迎。八位又变回老者。恭请入内上坐后，刘安拜问他们姓名。原来是文五常、武七德、枝百英、寿千龄、叶万椿、鸣九皋、修三田、岑一峰八人。八公一一介绍了自己的本领：画地为河、撮土成山、摆布蛟龙、驱使鬼神、来去无踪、千变万化、呼风唤雨、点石成金等。刘安看罢大喜，立刻拜八公为师，一同在都城北门外的山中苦心炼制长生不老仙丹。

当时，淮南一带盛产优质大豆，这里的山民自古就有用山上珍珠泉水磨出的豆浆作为饮料的习惯，刘安入乡随俗，每天早晨也总爱喝上一碗。

一天，刘安端着一碗豆浆，在炉旁看炼丹出神，竟忘了手中端着的豆浆碗，手一撒，豆浆泼到了炉旁供炼丹的一小块石膏上。不多时，那块石膏不见了，液体的豆浆却变成了一摊白生生、嫩嘟嘟的东西。八公中的修三田大胆地尝了尝，觉得很是美味可口。可惜太少了，能不能再造出一些让大家来尝尝呢，刘安就让人把他没喝完的豆浆连锅一起端来，把石膏碾碎搅拌到豆浆里，一时，又结出了一锅白生生、嫩嘟嘟的东西。刘安连呼“离奇、离奇”。这就是八公山豆腐的初名“黎祁”，盖“离奇”的谐音。

后来，仙丹炼成，刘安依八公所言，登山大祭，埋金地中，白日升天，有的鸡犬食了炼丹炉中剩余的丹药，也都跟着升天而去，流传下来了“一人得道，鸡犬升天”的神话，也留下了恩惠后人的八公山豆腐。

李时珍《本草纲目》记载，淮南八公山豆腐是豆腐中的极品。

卤水

大儿贩材木，巧识梁栋形。
小儿贩盐卤，不入州县征。
一身偃市利，突若截海鲸。
钩距不敢下，下则牙齿横。
生为估客乐，判尔乐一生。
尔又生两子，钱刀何岁平。

——《相和歌辞·估客乐》
（节选）（唐）元稹

一、物种本源

名称

卤水（Bittern）又被称为盐卤、苦卤、卤碱。

来源及分布

最初的卤水是将海水取出，经过制盐工序以后留下来的液体。经过蒸发冷却后的卤水可以得到氯化镁结晶，也就是所说的卤块。卤水是中国北方制豆腐常用的凝固剂，全国各地都有其产地分布，山东是四大产地之一。

形态特征

淡黄色液体，味涩、苦。

其他特征

卤水按照不同的分法有不同的分类，若按卤水的化学性质进行分类，则可以分为碳酸盐型卤水、氯化物型卤水和硫酸盐型卤水；若按食用调料分类，则可以分为红卤、黄卤、白卤。

盐　卤

市面上卖的豆腐和豆腐脑都是利用卤水和黄豆蛋白质做成的。值得注意的是，卤水点豆腐这一过程未发生化学反应，而是用卤水将黄豆破碎生成的蛋白质团粒聚集在一起，也就是胶体聚沉的过程。

用盐卤作为凝固剂，溶解性好，与豆乳反应速率快，所以凝固速度快，蛋白质的网状组织容易收缩，用盐卤制作的豆腐风味较好。

二、主要成分

卤水主要成分包括四个部分：氯化钠、氯化镁、氯化钙和硫酸钙。

卤水中含有K^{+}、Na^{+}、Ca^{2+}、Mg^{2+}、Cl^{-}、SO_4^{2-}、CO_3^{2-}、HCO_3^{-}等。盐卤的主要成分是氯化镁，所以二价镁的含量在70%以上。

三、食材功能

食用功能

卤水的一个非常重要的食用功能就是作为凝固剂参与老豆腐的制作。在制作豆腐时，卤水能将豆浆中的蛋白质聚集形成凝胶，将水分析出。另外，利用盐卤制作的豆腐，其韧性比较强，质量较好，口感更棒。

老豆腐

医学作用

盐卤在医学方面也发挥着重大的作用，可以用于治疗大骨节病、克山病、甲状腺肿三大地方病。

四、加工及使用方法

加工

卤水是天然形成的，但不容易运输。为了解决这一难题，人们先将卤水蒸发冷却，然后将析出的氯化镁结晶进行运输。得到的氯化镁结晶又被称为卤块或者卤粉，卤块在使用的时候需要研磨化开，但这一过程往往会被误以为是在制作卤水，其实是在调配浓度，化开卤块。

盐卤的制作过程主要有以下两种。

(1) 在家里制作盐卤的过程：海水放在锅里煮沸（最好用陶瓷锅，金属锅容易腐蚀），水分蒸发至海水变得黏稠，用细网过滤。盐被留在了过滤网上，过滤出来的液体为盐卤。

(2) 在工厂制作盐卤的过程：把优质海水吸入贮水湖中储存，再把海水放入盐田中，并除去盐田中的浮游物及沉淀物（数次）。晒60天左右阳光，使其慢慢浓缩。之后再次过滤，尽量除去浮游物，除去盐分。最后抽取有效成分，严格审查成分及品质后装在瓶子里。

卤水点豆腐

使用方法

卤水主要是用于豆腐的制作。首先将清洗干净的黄豆浸泡在水里，当黄豆浸泡得变软以后，用机器将黄豆磨碎加工成豆浆。纱布过滤将豆渣去除，高温将溶液煮开。此时从黄豆中磨出来的蛋白质团粒被水泡带着不停地在水中运动，形成了胶体。进行点卤，将卤水滴入，便看到蛋白质团粒聚集在一起形成豆腐脑。用纱布将豆腐脑中的水分挤出，固定形状放置一段时间，便形成了豆腐。

五、食用注意

盐卤在豆腐的加工制作中有着不可或缺的作用，但盐卤对人体的食管具有腐蚀作用，盐卤过量食用后会出现腹痛、腹胀、腹泻，并有头晕、头痛等症状。

传说故事

作为中国传统食品之一，豆腐有着十分悠久的食用历史，相传为春秋战国时期孙膑发明。

孙膑在和鬼谷子学艺时，有一次鬼谷子病了，吃了药之后病情好转，可就是不思饮食。孙膑左思右想，“要是把黄豆磨了，掺上水熬汤给老师喝，是不是可以增加点食欲?”于是，他把一碗热气腾腾的黄豆加水的汤汁喂给了老师。鬼谷子喝了之后，觉得身上微微发热，浑身显得轻松不少，高兴地问孙膑：“你刚才给我喝的什么呀?”孙膑随口答道：“豆浆。”

从那以后，鬼谷子就经常让孙膑熬豆浆喝。一天，孙膑又奉师命熬豆浆，就在快做好之时，不小心碰翻了锅台上的一个盛盐的碗。虽说盐不多可还是撒到豆浆锅里，孙膑赶紧一直搅和，可液体的豆浆却变成了一摊白生生、嫩嘟嘟的东西。孙膑尝了尝，觉得味道还不错，赶紧盛了一碗给老师送去。吃过后，鬼谷子一拍大腿，“你这是化腐成奇呀!”从此，这东西就叫“豆腐”了。再往后，孙膑不断完善工艺，把盐改成了盐卤，并增加了过滤、压包等过程，做出来的豆腐就更好吃了。

后来，孙膑在独乐村修炼时把做豆腐点卤点石膏的手艺教给当地人，慢慢地传遍了全国，并流传至今。

明矾

拂溪杨柳缕生金，栏路山矾香杀人。
不是冲泥送行客，外头放过若干春。

——《雨中入城送赵吉州器之二首》（宋）杨万里

一、物种本源

名称

明矾（Aluminum potassium sulfate dodecahydrate），又名白矾、十二水硫酸铝钾。

来源及分布

大部分火山岩中可以发现有明矾的存在，我国多地均有分布，主要分布在浙江、山西、湖北、河北、安徽、甘肃、福建等地。

形态特征

明矾呈晶体状态，其晶体结构大多呈现八面体，还有一小部分呈现为八面体、立方体、菱形十二面体掺杂在一起形成的不规则聚合体。从外观上看，明矾有玻璃光泽。明矾颜色不是单一不变的，而是无色、白色，并隐约夹杂淡黄及淡红等色。密度为1.757克/厘米^3，熔点为92.5℃。

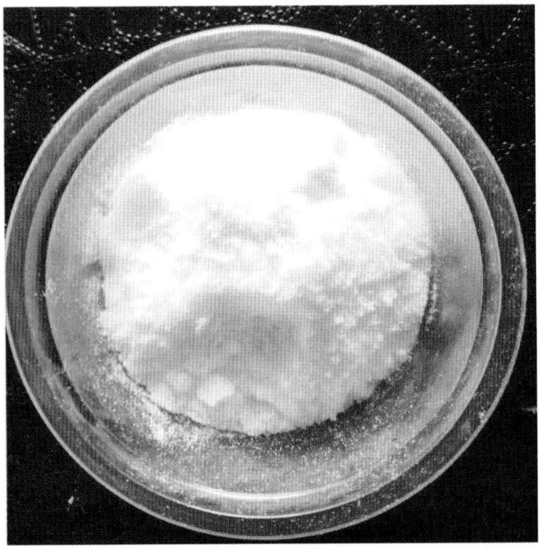

明矾粉末

其他特征

随着环境温度的改变，明矾失去结晶水的数量也会改变。当环境温度达92.5℃时，它会失去9个结晶水；达200℃时，会失去12个分子结晶水。明矾易溶于水，不溶于乙醇。

二、主要成分

明矾，化学式为$KAl(SO_4)_2 \cdot 12H_2O$，是一种含有12分子结晶水的复合盐，硫酸钾和硫酸铝两种金属盐是明矾的主要成分。其中占比第一的是三氧化硫（SO_3），含量为38.6%；占比第二的是氧化铝（Al_2O_3），含量为37.0%；剩下的就是氧化钾（K_2O）和水，含量分别为11.4%和13.0%。

三、食材功能

食用功能

（1）膨松剂

明矾要想起到膨松的效果，小苏打是必不可少的。两者在一起会发生化学反应，产生大量的气体——二氧化碳。当食物受热时，产生的二氧化碳气体会在食物内部形成较大的空隙，导致食物内部膨胀。而氢氧化铝胶体的存在就起到一个非常重要的作用——对形成的空隙起到支撑作用。因

添加明矾的油条

此，将明矾和小苏打联用，在食品中可作为膨松剂。

（2）护色剂

纯净的明矾大多是没有颜色的，但它可以与色素发生反应，产生一种可以维持色素颜色的新物质，这种物质的存在对色素有一定的保护作用，从而起到护色的效果。

（3）净水剂

将明矾加入水中，可以起到净化水质的效果。这是由于在水中的明矾会发生电离，明矾电离后产生的铝离子可以与水经电离后产生的氢氧根离子发生结合作用，产生氢氧化铝胶体。未经过滤处理的水中杂质带有负电，氢氧化铝胶体带有正电，正负电结合以后会使水中杂质失去电荷，从而聚集在一起，沉入水底，起到净化水的作用。

（4）脱水剂

明矾遇水以后会呈现酸性的状态，在食物保持一定厚度的状态下，使食品保持凝固的状态，从而增强食物的弹性。

医学作用

（1）据《本草纲目》记载，明矾有四个作用：一是感染风寒以后，用于清热止痰；二是可用于治疗十二指肠溃疡，也可治疗脱肛、阴挺；三是抗阴道滴虫，治痰饮、泻痢、阴道白带、风眼；四是可用于解蛇虫叮咬的毒。

（2）据《医学入门》记载，明矾对耳朵出脓、目光呆滞、口舌生疮、牙龈肿痛出血等有一定的疗效，还对急喉风痹、心肺烦热、风涎壅盛、作渴泻痢等有一定的疗效，而且对治疗蛇蝎叮咬、狗咬等动物性疾病有较好的效果。

（3）《长沙药解》中描述：明矾对一些妇科疾病有一定的效果，如可以消瘀肿、消除黑痣、除白带等。《金匮》中也描述了明矾的医学作用：可以治黑疸，去湿气等。《千金》中对明矾也有描述：可以治脚气、去湿。

四、加工及使用方法

加工

明矾的制作方法有很多种，下面列举了几种常用的制作方法。

（1）天然明矾石加工法

要将明矾石破碎，然后将碎石焙烧，再利用太阳光照脱水、利用自然界的风进行风化，利用加热水产生的蒸汽进行浸取、沉降、结晶，结晶形成的固体经粉碎后制得硫酸铝钾成品。

（2）铝矾土法

利用硫酸这种强腐蚀剂将铝矾土矿分解，在形成的硫酸铝溶液中加入硫酸钾就可以轻易获得硫酸铝钾，再经过过滤、结晶、离心脱水、干燥等一步步的操作之后制得硫酸铝钾产品。

（3）重结晶法

将粗明矾用作原材料，将原材料用水煮沸、蒸发，经结晶、分离、干燥以后制得。

（4）氢氧化铝法

同样利用强腐蚀剂硫酸将氢氧化铝溶化，再在加热的条件下加入硫酸钾溶液进行反应，制成的反应溶液经过滤、浓缩、结晶、离心分离、干燥等一系列操作后，最终制得硫酸铝钾成品。

使用方法

明矾在中华传统烹饪方法中发挥着不可或缺的作用，主要被用来制作面食，其主要使用方法有以下几个方面：

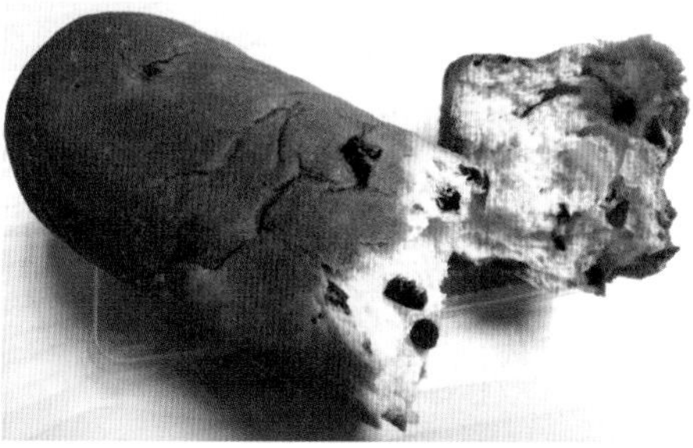

面　包

（1）膨松剂：在制作面食的过程中，通常将明矾添加在

明矾治脚气

面坯中，明矾的存在会使面坯得到充分的起发，使面食具有膨松、酥脆的口感。制作油条时要想油条更加好吃，就会添加明矾，下热油锅油炸、翻腾以后，可以得到酥脆可口的油条。

（2）保持弹性剂：在加工像海蜇等水产品及其制品时，通常会加入明矾，明矾可以起到退水的作用，从而使水产品保持其原有的弹性。

（3）护色剂：在果蔬加工过程中加入明矾，可以对果蔬起到保脆、护色的作用。

五、食用注意

（1）若长期食用含有明矾的食物，会对人类的身体健康产生较大的影响，尤其是会对儿童产生重大的危害，因为明矾会影响儿童的生长发育和智力。

（2）根据国家相关规定，从2014年7月1日开始，在面条、馒头等面制品的制作过程中不允许添加使用明矾。另外，同样规定不能在膨化食品的制作过程中添加任何含铝类食品添加剂。

传说故事

在很久以前，明矾还不叫明矾，它被百姓称为“白矾”，相传是因为一个名叫白凡的孩子。

据说白凡的家乡大概是现在云南省一个贫苦的地方，他从小和父亲相依为命，住在一间破破烂烂的茅草屋里。虽然日子过得穷困潦倒，每天紧紧巴巴地生活，但是白凡依然保持着积极、乐观的心态。

在白凡生活的茅草屋旁边有一棵高得仿佛插入云霄的大树，每年到夏天的时候，这棵大树会开出很多漂亮的小黄花。花开花落，当夏天要结束的时候，大树会结出很多黑色的果实。白凡和小伙伴们很喜欢在大树下一起玩耍，大树在孩子们的嬉闹中也充满了活力，并在下雨天为孩子们遮风挡雨，日复一日，大树和孩子们一起度过了很多欢乐的时光。

一天夜里，白凡像往常一样进入了梦乡，但做了一个和往常不一样的梦，甚至还有些奇怪。他梦见茅草屋旁的大树幻化成了一个英姿飒爽的男子，男子自称诃黎勒。男子对白凡说：“我来自一个非常遥远的地方，途经此地休养生息，现在到了我要离开的时候了，谢谢你们这些年在我身边给我带来的快乐，我为你们准备了一份礼物，以后，你有用到它的时候。”

男子说完以后，白凡便从睡梦之中惊醒。他慌张地跑到院子里，发现大树不翼而飞，仿佛没有出现过一样，但在大树所在的位置留有一包无色、闪亮的晶体。白凡虽然不是很懂男子说的话，但依旧小心翼翼地将这些晶体收了起来。

不久，村子里发生了瘟疫，村里很多人都被感染了，腹泻不止。白凡情急之下，想起男子说的话，便匆忙找出那包晶体。于是他将晶体煨烧成灰，再捣碎细筛成粉末，调和入粥中，再喂给染病的人吃。出人意料的是，吃过后的人们都止住了腹泻，康复如初。

从此，这种东西广为流传，人们称其为“诃黎勒”，晶体则被称为“白矾”。

铝明矾

粉身何足盖前尤，千古奸雄此局收。
遗臭居然人脍炙，沉冤三字恰相酬。

——《油炸桧》（宋）赵钟麒

一、物种本源

名称

铝明矾（Aluminium ammonium sulfate），又名硫酸铝铵。

形态特征

铝明矾为结晶或粉末，颜色略显单一，呈无色透明或白色。

其他特征

铝明矾微溶于水、稀酸，不容易溶于醇。

二、主要成分

铝明矾的主要成分为硫酸铝和硫酸铵两种。

（1）硫酸铝

硫酸铝形态呈现结晶、颗粒或粉末三种，颜色通常为白色。硫酸铝的味道微甜，在空气中非常稳定。它在自然界中也是以和结晶水结合在一起的形态存在的，但当温度达到86.5℃时会失去部分的结晶水；当温度达到250℃时则会将所有的结晶水全部失去。硫酸铝在加热的情况下会激烈膨胀并会形成海绵的状态。当加热到炽热时，硫酸铝会被分解，形成三氧化硫和氧化铝两种物质。硫酸铝对湿度的要求也比较高，当相对湿度在25%左右时极易风化。硫酸铝易溶于水，溶于水以后的溶液呈现酸性，但不易溶于乙醇。硫酸铝长久沸腾后会产生沉淀——不溶性碱式盐。在工业生产中生产的硫酸铝大部分是十八水硫酸铝。

（2）硫酸铵

硫酸铵呈现出的是一种斜方晶系结晶的状态，无色透明，硫酸铵溶于水以后溶液呈酸性。硫酸铵可以吸收自身周围的水分子，所以具有良

硫酸铵

好的吸湿性。但硫酸铵不溶于氨、醇和丙酮。在有蛋白质存在的情况下，硫酸铵则会和蛋白质发生盐析反应。

硫酸铵也是一种非常重要的肥料，它是一种氮肥，可以用于一般的土壤和农作物。

在食品方面，硫酸铵发挥着重要的作用，它可以作为催化剂为食品酱色，也可以用作鲜酵母生产过程中培养酵母菌的氮源。

三、食材功能

食用功能

（1）膨松剂

铝明矾在油条制作加工过程中可受热分解，产生气体，气体在面胚内部促使面胚起发，并在其内部形成空隙，从而使炸出的油条更为酥脆、膨松、柔软。

（2）护色剂

铝明矾在食品中还可用于维持食品的颜色，在腌茄子过程中，铝明矾中的铝和铁盐可以和茄子中的蓝色素反应，形成络合物来维持茄子原有的颜色，保护其不褪色；另外常见的就是将铝明矾用于煮熟的红章鱼，保护其原有的颜色。

使用膨松剂的油条

（3）净水剂

将铝明矾加入水中，可以将水中的杂质凝聚起来形成沉淀，从而达到净化水的作用，但应严格控制其添加量在0.01%。

四、加工及使用方法

（1）将硫酸铝溶液与硫酸铵溶液混合在一起进行化学反应，然后经冷却结晶，再经离心机离心分离，溶液洗涤杂质，最后干燥得到硫酸铝铵成品。

（2）氢氧化铝法：与上述方法大同小异，第一步将氢氧化铝与硫酸混合在一起进行反应生成硫酸铝，第二步将硫酸铵添加到上述溶液当中，最后将生成产物经浓缩、冷却结晶、离心脱水、干燥而得成品。

（3）一步法：在400℃高温下，将氧化铝和硫酸铵直接混合进行反应，便可直接生成硫酸铝铵。

五、食用注意

馒头、发糕等面粉制品不能使用含铝膨松剂的食品添加剂，膨化食品中不能使用任何含铝添加剂。

传说故事

据说在南宋年间，卖国宰相秦桧和他的夫人王氏使用阴谋将护国大英雄岳飞害死在风波亭中。老百姓听到消息后义愤填膺，在街头巷尾讨论这件事。

那时，在众安桥河下，有两个卖小吃的摊子：一家卖烧饼，一家卖油炸糯米团。这一天，刚刚散了早市，做烧饼的王二看没有买主，便坐下休息。这时，隔壁摊子的李四走过来，两个人面对面坐下来，谈到秦桧害死岳飞的事情。李四对于秦桧的所作所为十分生气，不由得大骂起来："卖国贼！我恨不得把你……"王二听了后说："李四哥别着急，看我的！"说完，便从条板上摘了两个疙瘩，捏成两个面人：一个吊眉大汉，一个歪嘴女人。将两个面疙瘩背对背黏在一起丢进油锅里去炸，一面炸面人，一面叫着："大家来看油炸桧啰！大家来看油炸桧啰！"

过往行人听见"油炸桧"，觉得十分新鲜，都围拢过来看热闹。大家看着油锅里有这样两个人，被滚油炸得吱吱响，心里面便明白了是什么含义，于是都跟着叫起来："看呀看呀，油炸桧啰！看呀看呀，油炸桧啰！"

此时正巧秦桧坐着轿子路过众安桥，听见了人们的叫喊声，十分生气，便让自己的亲兵去抓人。亲兵挤进人群，把王二和李四抓来，连那油锅也端到轿前，秦桧看见油锅里炸得焦黑了的面人，走出轿来大吼道："好大的胆子！你们想要造反？"

王二强行解释，旁边的路人也为王二撑腰打气，弄得秦桧哭笑不得，他只好瞪瞪眼睛，往大轿里一钻，灰溜溜地走了。

宰相当众吃瘪，这件事情一下轰动了临安城。人们纷纷赶到众安桥来，都想吃一吃"油炸桧"。李四索性不做糯米团了，把油锅搬了过来，和王二并做一摊，合伙做"油炸桧"卖。

但是两个面疙瘩放在一起油炸，口感并不松软，于是王二和李四便在一起琢磨起改良“油炸桧”的配方，后来经过长时间的琢磨发现，加入少量铝明矾这种物质便可以使面疙瘩膨松起来，口感也十分不错。

从此，“油炸桧”便成为一种受到世人喜爱的食物。后来人们看看“油炸桧”是根长条，便改为叫它“油条”。

酒石

曲生奇丽乃如许，酒母秾华当若何。
向人自作醉时面，遣我宁不苍颜酡。
得非琥珀所成就，更有丹砂相荡磨。
可怜老杜不对汝，但爱引颈舟前鹅。

——《家酿红酒美甚戏作》
（宋）曾几

一、物种本源

名称

酒石（Tartar），又名酒钻石。

形态特征

葡萄酒中的酒石颗粒

结晶状的酒石形状各异，一般会黏附在瓶底或者瓶肩的位置。白葡萄酒中生成的酒石一般为白色结晶，形似白砂糖，而红葡萄酒中产生的酒石为紫色结晶。酒石有这样一个特性：酿酒时，葡萄酒进行发酵的时间越长，酒中精华芳香物质就会被保护得越好，酒中沉淀的酒石也就越少，装瓶后产生的酒石就越多。因此，葡萄酒瓶中酒石的量也在一定程度上可以用来衡量葡萄酒的品质，由于酒石不会影响葡萄酒的质量，因而这种结晶恰恰是葡萄酒成熟的标志。

二、主要成分

酒石中的主要成分之一为酿造过程中产生的酒石酸。酒石酸为一种羧酸，也是双质子酸，主要存在于植物体中，例如香蕉、葡萄以及提子中，是葡萄酒中的一种重要有机酸，可以给食物带来酸味。

由于酒石酸分子结构式中有两个不对称碳原子，因此常将其分为三类，分别是右旋酒石酸、左旋酒石酸以及内消旋酒石酸。将相同量的左旋酒石酸与右旋酒石酸相混合可得到外消旋酒石酸。右旋酒石酸是一种天然的酒石酸，外消旋酒石酸是一种人工生产的酒石酸。酒石酸物理性质表现为易溶于水，可溶于甲醇、乙醇，不溶于氯仿，微溶于乙醚。酒石酸的性质较为稳定，不易分解，且无毒。

三、食材功能

食用功能

（1）酸味剂

酒石中的主要成分外消旋酒石酸主要在果汁、饮料、罐头等食品加工生产过程中作为酸味剂使用。

（2）食物膨胀剂

酒石酸也常与小苏打连用，作为食物膨胀剂。

（3）在食品加工生产的过程中，酒石酸常被作为抗氧化增效剂以及螯合剂使用。

葡萄酒

医学作用

在药物制剂加工时，酒石酸常与碳酸氢盐联用作为泡腾片剂中的酸性成分。

四、加工及使用方法

加工

（1）提取法

天然酒石酸来源于葡萄酒渣、沉淀在发酵池的酒脚，是附着于酒桶上的固体物质。一般红葡萄酒渣中酒石酸盐的含量为 11.1%~16.1%，而

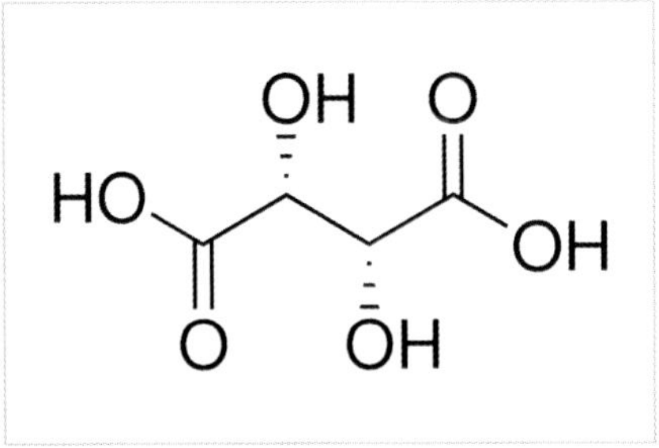

酒石酸化学式

同年度的白葡萄酒渣中酒石酸盐的含量只有4.2%~11.1%。一般从以下几种原料中回收酒石酸和酒石酸盐：从成熟的葡萄中提取粗酒石或酒石酸钙，从发酵池的酒脚中提取酒石酸钙，葡萄叶中也可提取酒石酸钙。山葡萄叶中酒石酸的含量为1.5%~2%，特别的是青色叶子中含量较多，而叶子枯黄时含量减少。

（2）化学合成法

将顺丁烯二酸和过氧化氢作为主要原料，当反应温度为70℃时，两者反应转换为环氧丁二酸，然后当反应温度为100℃时，进一步水解得到外消旋酒石酸，经过进一步拆分可得到左旋酒石酸。

（3）半合成法

这种方法是化学合成法与发酵法结合起来的一种方法，先由上述方法制得环氧琥珀酸，再用琥珀酸诺卡氏菌所含有的特殊的开环酶将其进行转化，生成右旋酒石酸。

使用方法

葡萄酒生产过程中，当其中的总酸含量低于5克/升时，需要人工加入酒石酸进行增酸处理。

五、食用注意

酒石酸不具有毒性，且无刺激性，因此广泛应用于食品加工以及口服液、注射液中。但酒石酸会与金属的碳酸盐反应，有轻微的刺激性，可能会引起肠胃炎。

传说故事

据史料记载，当年张骞出使西域回到长安，为汉武帝带回来西域的葡萄美酒。汉武帝饮后，就立刻喜欢上了葡萄酒的美味，命宫人在离宫别苑内大量种植葡萄，对葡萄酒犹如后宫佳丽般珍藏，对张骞从西域带回来的葡萄品种及酿酒工艺更是尤为看重。

有一次，听闻边关大捷的战报后，汉武帝十分高兴，拿出宫廷自酿的葡萄酒设宴款待群臣。

一饮而尽后，汉武帝对葡萄酒的口感赞不绝口。但他偶然看向了酒杯，看到酒杯中残留了许多晶体残渣，以为是酿酒的匠人的失误，浪费了西域上好的葡萄，正欲大怒。

此时，奇才东方朔站起来说：“陛下请先息怒，容我解释一二。”东方朔接着说，“此沉淀残渣为‘酒石’，乃葡萄酒之精华。含酒石的葡萄酒会比没有酒石的酒更加香醇。不信，陛下可自行比较。”

于是，汉武帝先后饮下了西域没有酒石的葡萄酒和自酿酒石的葡萄酒，也觉得酒石会使葡萄酒口感更加饱满。顿时转怒为喜，重赏了东方朔和酿酒的匠人。

据传，因当时酿造的酒很有限，故而大多数葡萄酒被视为宫廷珍藏。后来，葡萄酒仅留作汉代帝王供奉王母娘娘的珍品。

酵母

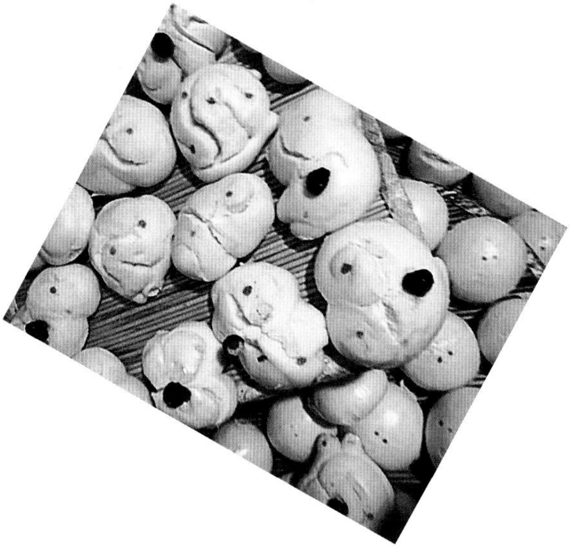

瑶池酵母酿琼浆，美酒清醇万里香。
更有机缘膨面点，充饥养胃利柔肠。

——《酵母》（现代）尚桂凤

| 一、物种本源 |

名称

酵母（Saccharomyce），拉丁文学名为 *Yeast*。

来源及分布

酵母是一种单细胞真菌，分布在自然界的各个地方，喜欢潮湿偏酸性的生长环境。

形态特征

酵母的尺寸为1～5微米或6～20微米，形态有椭圆形、球形或者柠檬形等。酵母是异养兼性厌氧微生物，存活能力很强，氧气对它的生存没有影响，即使没有氧气，它也可以照样生存。酵母在糖类多的地方，可以生存得更好，但是并不依赖，它可以分离于此类环境，有些酵母甚至可以生活在昆虫体内。

| 二、主要成分 |

酵母主要由蛋白质构成，人体中必需的氨基酸和维生素B_1、维生素B_2以及尼克酸都可以在酵母中找到，我们还可以提取酵母中的细胞色素C、谷胱甘肽、凝血质和三磷酸腺苷等出来加以利用。

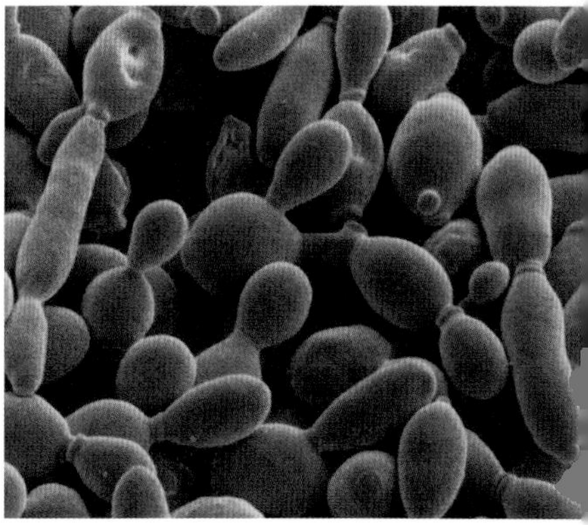

酵母菌

酵母还有增强人体免疫力的作用，因为酵母中含有的硒、铬等矿物质可以帮助人们抵抗衰老、预防动脉硬化，酵母中的抗氧化物质还可以保护肝脏。面粉通过酵母的发酵，能促进身体对有益物质的吸收和利用。

三、食材功能

食用功能

酵母粉

(1) 抗氧化剂

酵母中的茶酵母，里面有一种成分是茶多酚，具有很好的抗氧化能力，能有效降低人体血液中的脂肪含量，还能改善人的精神面貌，提高精气神，因此可以用作抗氧化剂。

(2) 膨松剂

面团经过酵母发酵后，内部组织会被发酵生成的二氧化碳充满，增加了面筋的弹力和体积，使得烘烤后的食物变膨松多孔，更容易被人体消化吸收，所以酵母常作为膨松剂。

(3) 甜味剂

当酵母的生产原料是乳清时，这种酵母会含有乳糖酶，它可以分解乳糖，防止其结晶。将它应用在牛奶生产中，既可以调节甜度，又能满足乳糖不耐症患者的需求，所以可以成为甜味剂。

(4) 食品营养强化剂

通过发酵生成的酵母自溶物本身是一种食品添加剂，可以应用在各种食物中。酵母含有多种营养成分，而且可以促进营养物质的吸收和利用，所以会常常当作食品营养强化剂添加在一些健康食品中，或者是婴儿食用的食物中。

医学作用

酵母本身含有各种各样的营养成分，将其制成片状物服用，可以给身体机能衰弱的人补充能量，帮助厌食的人摄取营养，增强人体的身体素质，提高抵抗力。将一些特殊元素和酵母一起培养，得到的酵母会具有一些药用疗效。例如，加硒可以抵抗细胞衰老，加铬会对糖尿病有一定的治疗效果。

| 四、加工及使用方法 |

加工

在食品加工过程中，添加酵母菌液进行培养，一段时间后，将培养物进行分离，然后经过过滤、干燥等处理后，就可以得到不同种类和功能的酵母类产品。

（1）茶叶酵母

在台湾地区，人们在制作茶叶的时候，会在温度很低的情况下用酵母菌进行发酵，发酵完成之后的酵母菌会沉淀在茶叶底部，不再具有发酵的作用。这个时候的酵母菌是非常珍贵的，因为它将茶叶中的精华吸收了，人们会将它从茶叶底部捞起来，经过清洗、消毒、干燥等过程，就制成了茶叶酵母。

（2）面包酵母

这种酵母可以分为三种，分别是压榨酵母、活性干酵母以及快速活性干酵母。它们各有各的特点，压榨酵母是酿酒酵母的块状产品，含水量为70%～73%；活性干酵母是酿酒酵母的颗粒状产品，它具有我们日常生活中所需要的发面能力，含水量为8%；快速活性干酵母，则不同于其他几种，它是新型的颗粒状酵母，它是在活性干酵母的基础上，采用一系列的高科技操作而得到的新型酵母，含水量为4%～6%。

（3）食品酵母

它是一种可食用的干燥的酵母粉或者是干燥的酵母颗粒。一般是啤酒厂中的酵母泥通过一系列的加工所得到的产品，还可以根据人体的营养需求而专门定制得到。

发酵面食

使用方法

（1）面包酵母是我们在做面包的时候需要加入的一种酵母，目的是使面制品发酵更加完全，至于用量以及发面时间，是随着温度以及含糖量等因素的不同而改变的，三种酵母都可以作为面包酵母来使用，它们各有各的优点，例如：活性干酵母比压榨酵母保存时间长、方便运输与使用；而快速活性干酵母比活性干酵母发酵力要高且使用不需要水化，可以在极短的时间内发酵，并做成食品。

（2）啤酒酵母顾名思义是与酒有关的一种酵母，我们生产酒精就会用到这种酵母，一般是用甘蔗等糖类作为原料，它的特点是在高浓度的盐和特别高的渗透压中，仍然能够忍耐并生存。

（3）食品酵母。在美洲、欧洲一些国家的面制品中，为了提高这些面制品的营养价值和它们的口感，会加入约5%的食品酵母，这对人体是没有任何危害的。

五、食用注意

（1）使用酵母进行面包生产时，酵母的发酵状况会直接影响面包的食用口感。所以，发酵的温度需要控制在26～28℃；面团的最适pH在4～6；通过调节原料糖和盐的配比来改变发酵过程中的渗透压，最佳渗透压决定着酵母的最佳活力。

（2）《食品安全国家标准　食品加工用酵母》（GB 31639—2016）规定，要对酵母中的污染物进行限量：铅（以Pb计，干基计）/（毫克/千克）面用酵母为1.0、酒用酵母为2.0，总砷（以As计，干基计）/（毫克/千克）面用酵母为1.5、酒用酵母为2.0。

延伸阅读

4000年前，古埃及人已经开始利用酵母酿酒与制作面包了，最初的发酵方法可能是偶然发现的：和好的面团在温暖处放久了，受到空气中野生酵母菌的侵入，导致发酵、膨胀、变酸，再经烤制便得到了远比“烤饼”松软的一种新面食，这便是世界上最早的面包，也就是人类对酵母最早的应用。中国的殷商时期（约3500年前），会利用酵母酿造白酒，而酵母馒头、饼等开始于汉朝。1680年，荷兰科学家列文虎克首次利用显微镜观察到酵母，但当时并没有将其当作一个生物体看待。1857年，法国科学家路易·巴斯德首次发现酿造酒精来自酵母体的发酵作用，而并非简单的化学催化。

毛霉菌

豆腐长白毛，致和真苦恼。
撒盐把它腌，腐乳变成宝。

——民间打油诗

一、物种本源

名称

毛霉菌（Mucor），又名黑霉或长毛霉。毛霉菌属于真菌中的一个大属，具体为接合菌亚门、接合菌纲、毛霉目、毛霉科。

来源及分布

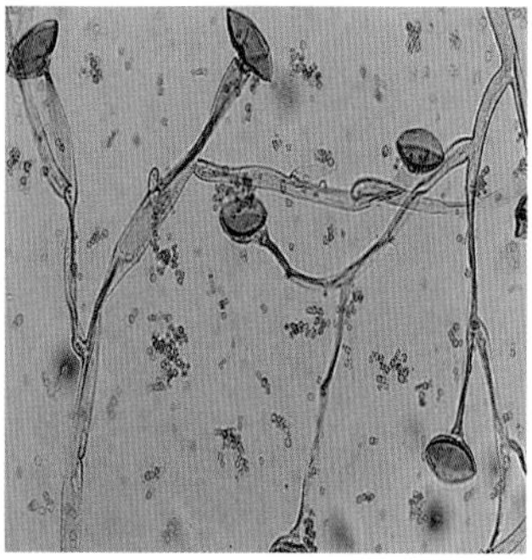
毛霉菌

毛霉菌的存在范围很广，例如在酒曲、植物残体中会有毛霉菌的存在，而且在动物粪便及空气等环境中也普遍存在。

形态特征

在生长初期，毛霉菌呈现白色，后期呈灰白色至黑色，可根据菌丝颜色的变化来判断孢子囊是否成熟。毛霉菌菌丝是分枝状的一个状态，没有假根，同样也没有匍匐菌丝，但可以进行广泛蔓延而不产生固定形状的菌落。毛霉菌各分枝的顶端都生长着圆球形的孢子囊，在孢子囊内可产生大量的孢囊孢子，孢子成熟以后会从破碎的孢子囊中释放出来。

二、主要成分

毛霉菌主要包括总状毛霉、鲁氏毛霉和高大毛霉。

三、食材功能

食用功能

毛霉菌有分解蛋白的能力，这一功能主要是针对大豆蛋白。这是因为毛霉菌有一个很重要的作用，就是将淀粉糖化，淀粉经过糖化以后可以生成乙醇和蛋白酶等物质，因此毛霉菌还具有分解蛋白的能力。我国大多利用毛霉菌的这一特性，来做豆腐乳和豆豉。另外，毛霉菌的食用功能还体现在毛霉能产生甘油和乳酸等，还有部分毛霉的利用价值在于能产生凝乳酶、脂肪酶和果胶酶等。

医学作用

毛霉菌中的淀粉酶可以制曲、酿酒，因此常出现在酒药中。

四、加工及使用方法

加工

（1）菌种活化：接种按实验室的操作流程严格执行，第一种方法是利用无菌操作取菌环，将原始菌种取出并迅速接入斜面的查氏培养基；第二种方法是利用无菌水将菌种稀释以后接种，接种以后，在28℃恒温的条件下进行培养，以待使用时可随时取出。

（2）菌种保藏：将已经分离活化的毛霉在无菌条件下接种在已预先准备好的蛋白胨斜面培养基中，在28℃恒定温度下培养约72小时，即可将菌种取出，放置于4℃环境中对菌种进行保藏。

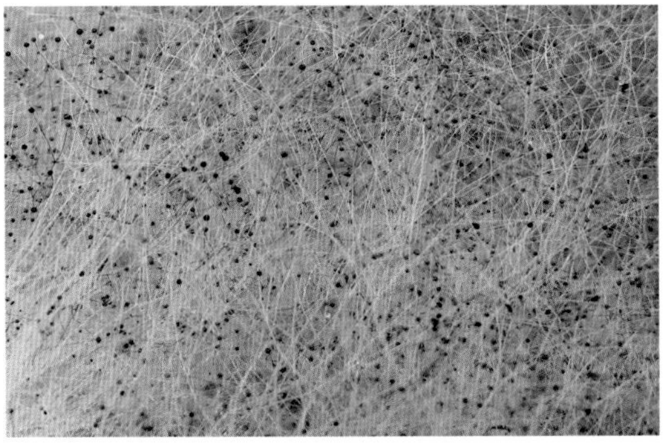

毛霉菌菌丝

使用方法

毛霉的生长对环境要求比较苛刻，在低温下才可以较好地生长，16℃上下的温度才是毛霉最适的生长温度，所以生产毛霉腐乳并不是一年四季都适合。传统生产毛霉等制作适合家庭式生产，没有用到大型仪器，而是利用自然接种的方式借助空气中的毛霉菌进行培养，10～15天即可完成生产。而工厂生产时则会利用菌种来进行大批量生产，会先将纯种毛霉菌培养起来，再利用人工进行接种，这种方法将大大缩短培养时间，在15～20℃条件下培养2～3天即可。

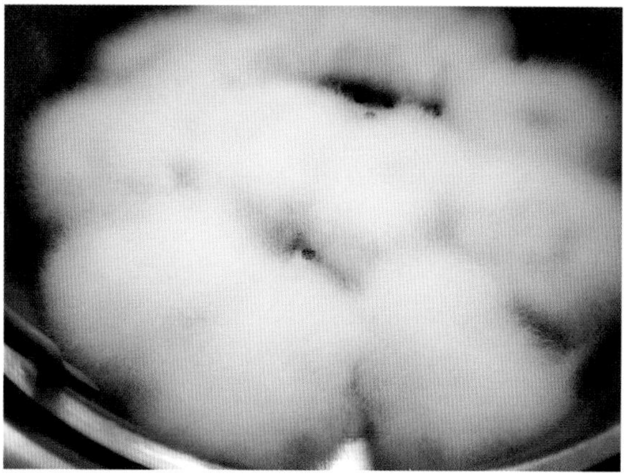

毛豆腐

五、食用注意

臭腐乳虽然是美味，但利用毛霉菌将臭腐乳进行发酵以后，环境中的有害微生物很容易将腐乳污染。受到微生物污染以后，腐乳很容易产生一种对人体有害的物质——含硫化合物。所以如果进食太多的臭腐乳，则会对人体产生不好的影响，严重危害人体健康。

传说故事

传说在北宋太平兴国年间，临江城旁边有一个小店铺，刘三娘买了下来，开了一家豆花店。刘三娘不仅豆花做得好，而且心地善良，待人热心，爱做好事。

刘三娘同儿子刘柱香去赶集买黄豆，看见猎人在卖一只受伤的白鹤，刘三娘不忍心，便从猎人手上买下了这只白鹤，刘柱香天天给它涂药治伤，捉鱼虾螺蛳喂它。白鹤养好伤，绕着豆花店飞了三圈才离开。

过了不久，一个年轻姑娘挑着担清水在店铺附近歇气，却昏倒在地。刘三娘让儿子舀碗热豆浆喂她，又熬了碗姜糖开水。姑娘走时为感谢救命之恩，将带来的那桶清水留下，刘三娘不收，追赶途中歇气时桶一落地，就化成一眼井，做出来的豆花又鲜又嫩，刘家的生意越来越好。

城里有个大财主，在这一方称王称霸，人称王半城。王半城也开着个豆花铺，但做出来的豆花木木僵僵的。他十分眼红刘三娘的好生意，就霸占眼井，想做出来的豆花和刘三娘一样好吃，扩大店铺，于是广发请帖。谁知宾客都到来等到酉时，锅里还是一锅清水，没有做出豆花，客人们生气走了。王半城感到脸面丢尽，将刘柱香打成重伤，去找水井出气。井中飞出一只白鹤，啄瞎了他的眼睛。王半城痛得在地上打滚，回家没几天就死了。

儿子重病，刘三娘没有心思做生意，原先做好的豆腐一直放着没管。等儿子好起来，刘三娘去看豆花时，发现豆花块长满一层白绒毛。这时白鹤飞到屋前，说："长霉心莫焦，装坛加佐料。待到六月后，满城香气飘。"

刘三娘按照这个说法，找了三个坛子，把长霉的豆花块块放进去，加入盐水、白酒和陈皮、八角等佐料，又用稀泥巴把坛口封好。六个月后，果然味美香甜，刘三娘给它取了个名字叫"霉豆腐"，又叫它"豆腐乳"。

老面

久岁君曾催面发，柔舒松软思无涯。
丰源美味淡香伴，烟火轮回乐万家。

——《老面》（现代）石继勇

一、物种本源

名称

老面（Dough），指的是发面的面种子，北方叫面肥、面引子，有的地方也叫面头。

来源及分布

老面为多菌种混合发酵体系，主要依靠酵母菌、乳酸菌、霉菌、细菌等多种微生物糖化、发酵、酯化等的协同作用，产生醇、酯、醛、酚等物质，从而赋予馒头独特的风味。老面的源头，其实就是由新制作的“酵子”开始的，蒸出的馒头口感醇厚，有咬劲，同等条件下比酵母馒头保质期长，成本也更低。人们在制作馒头的过程中，在和面完成后兑碱之前，留出一块面头，作为下一次蒸馒头的面肥，周而复始地加以利用，这就是“老面”的由来。老面在全国各地都有所食用，尤其在北方更甚。

形态特征

老　面

由于面团中微生物发酵，老面较一般面团会呈现出更加多孔的结构，一般为白色多孔面团。

其他特征

老面存在一定的酸度，所以需要加入一定的碱粉，加入碱粉的量很难把握，需要一定的经验。老面的发酵速度很慢，经验丰富的人才能得知老面是否发酵好。同时，老面的保存性能也不是很好，在冷藏的条件下，老面的保存时间也很短，所以一般只有面食店才会利用老面来做面食。

老面面团在连续使用的情况下，夏季一般不得超过七天；冬季不能超过半个月，就必须对老面进行更换，方能保证老面发酵面团的稳定性。

二、主要成分

老面中含有大量的酵母菌，可以将面团中的葡萄糖分解为二氧化碳，气体的存在使面制品中含有一定的空隙，从而使面制品膨松软和。另外，经过放置的老面会产生越来越多的乳酸菌，使制成的面制品有一定的酸味，所以利用老面来发酵面团时，会加入一定量的碱来消除乳酸菌带来的影响。

三、食材功能

食用功能

利用老面进行面团发酵制成的面制品很容易被人体消化，所以老面的面制品很适合消化不良的人食用。

（1）膨松剂

老面中含有的酵母菌可以分解老面中的葡萄糖，生成二氧化碳气体，气体被外层的面团围住，困在面制品里面，使面制品里面有一定的空隙，以此来作为膨松剂。

（2）改善风味

老面中含有的乳酸菌，使面制品具有一定的风味。

老面馒头

(3) 减少发酵时间

老面对面团发酵有一定的促进作用，可缩短发酵所需时间。老面还具有筋性的特质，可以缩短揉面的时间，因此可以更好地保留面团中的麦香味。

四、加工及使用方法

加工

(1) 准备好一定重量的做老面引子的面粉。

(2) 将半碗水慢慢地、一点一点地倒入面粉中，边倒边用筷子搅拌。

(3) 将面粉搅拌成絮状。

(4) 将面粉揉成面团后，把面团的碗上面用一层保鲜膜密封住，放在阴凉通风的地方。

(5) 2天后，面团会散发出一种酸味，面团上面还有些小孔，这样老面引子就形成了。

使用方法

老面的使用量直接影响最后成品的口感。老面的量多，面制品口感就松软，所以偏爱吃松软的馒头就可以适度提高老面的用量；如果偏爱吃有嚼劲的馒头，就减少老面的用量。另外，老面的添加量和水的用量具有直接的联系。如果老面添加量多，加入水的量一定要适当减少。

(1) 在馒头中加入老面的数量需要偏多一些，因为面团必须硬一些，添加的老面的量通常约为面粉的一半，而添加的水量约为面粉的40%。例如，200克干面粉需要100克老面，然后添加约80克水。

(2) 花卷和包子中老面的用量需要偏少一些，因为其面团需要柔软一些。等量的老面需要加入等量的面粉，水量约为面粉的40%。例如，对于200克的老面，需要添加200克的干粉，然后添加约80克的水。将这些成分充分混合，揉成光滑的面团，然后醒发约40分钟即可制作。

老面花卷

五、食用注意

任何面制品都可以加入老面来进行发酵，甜面包、贝果、吐司、法棍、欧包等都可以，不过加入老面的量越多，配方中酵母的量就越少。因为老面加得多，发酵时间会变短，所以要控制发酵的时间，通常面制品中加入10%~30%的老面。

传说故事

传说在很久以前，李时珍熬的膏药里便是有仙人的“老面”，所以长疱的人贴一个好一个。

当年李时珍为了解除人们的病痛，来到新洲张渡湖边。由于水浅泥深，杂草腐败，当地渔民下湖摸鱼，农民下湖打水草肥田，都只穿一件短裤衩。天长日久，上晒下蒸，身上常常长疱疔。长在背上的叫背花，长在腋下的叫血夹，长在脚肚子上的叫鲢鱼肚，长在指头上的叫蛇头。不管长在什么部位，一长就是一年半载。为了解除这一带穷人的疾苦，李时珍在湖边租了间茅屋，开了个膏药铺，专门医治人们身上的疱疮。

李时珍为穷人医治疱疮分文不取，名声越传越远。有一天，一个全身长疱的跛脚老头来就诊，他骨瘦如柴。老人坐在熬膏药的锅边，李时珍半跪着给他诊疱。一看，疱已化脓，一个乌黑的硬壳把脓血盖住，就伸手去抠开痂盖。痂盖一抠开，脓血往外一喷，喷了李时珍一手，熬膏药的锅里也喷了不少。李时珍不顾这些，仍一心给老人诊治。

等给老人贴好膏药后再去洗手时，老人只说了声“莫把锅里的老面用完了”，起身就走。

以后，李时珍用这个锅熬的膏药，贴一个疱好一个疱。但锅里的膏药总不用完，总要留一点做“老面”，这个医俗至今还保留着。

传说这个拐脚老人就是铁拐李。

酒曲

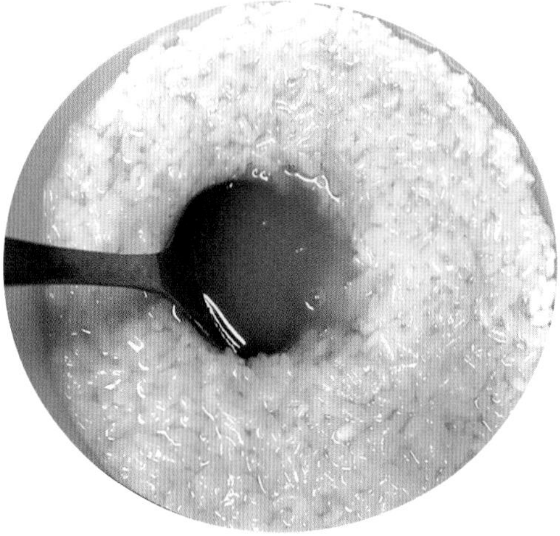

留宾往往夜参半，虽有杂俎无由开。
江南佳丽非一日，况乃故园名池台。
能招过客饮文字，山水又足供欢咍。
剩留官屋贮酒母，取醉不竭当如淮。

——《和王微之登高斋三首》（节选）（宋）王安石

一、物种本源

名称

酒曲（Distiller's yeast），别名酒粬。

来源及分布

原始的酒曲是发霉或发芽的谷物，人们加以改良，就制成了适于酿酒的酒曲。从科学的角度出发，一般是通过对发霉或者发芽的五谷杂粮进行处理来获得酒曲的。

《齐民要术》是魏晋时期的作品，书中对酒曲的描述是第一次全面性总结酒曲的生产工艺。到宋代时，中国酒曲的发展趋于稳定，种类齐全，制作工艺基本完善。由于所采用的原料及制作方法不同，生产地区的自然条件有异，酒曲的品种丰富多彩。南方的小曲尤为出众，因为它有着很好的糖化发酵的能力。酒曲法酿酒的广泛传播，也对中国的周边国家产生了较大的影响，例如日本、泰国等。

形态特征

酒曲为曲霉淀粉酶促使米粒发生糖化反应，从而长出的菌丝，菌丝为乳白色丝状物，根据菌丝不同的分布情况，酒曲可分为块状及散状，分别称为块曲及散曲。目前应用较多的是块曲。

酒　曲

其他特征

现代大致将酒曲分为五大类，分别用于不同的酒。它们是：麦曲，主要用于黄酒的酿造；小曲，主要用于黄酒和小曲白酒的酿造；红曲，主要用于红曲酒的酿造（红曲酒是黄酒的一个品种）；大曲，用于蒸馏酒的酿造；麸曲，用纯种霉菌接种以麸皮为原料的培养物，用于白酒的酿造。

二、主要成分

酒曲含有糖化酶、液化酶、黑曲霉、根酶、红曲酶、细菌、酵母等多种微生物，和糖类、蛋白质等并存。根据制得的酒的品类，大致将酒曲分为五大类。

大曲：属于混合酶制剂，它含有的微生物有细菌、霉菌、酵母等。酿酒的时候加入它，可以有多种多样的风味，因为大曲在发酵时会产生丰富的代谢产物。大曲法酿酒是一种传统的酿酒方法，大多应用于我国的优质白酒制作。大曲的制作过程也是极为严格的，因为周围的环境湿度、温度以及所选择的原料等，都会影响到它含有微生物的种类和数量，这也会改变酿出的酒的风味。

小曲：人们也会称它为酒药、酒饼或白药。之所以称之为小曲，是因为它的颗粒属于比较小的类型。小曲中含有根霉，根霉是一种糖化发酵剂，大多应用在小曲白酒和黄酒的制作过程中，因为根霉对糖化作用的促进有着很高的效率。除了根霉，小曲中还含有毛霉、酵母等。

红曲：与一般的曲种不同，它接种的菌种是曲母，制作原料是大米，所以属于特殊曲种。它所含的微生物有红曲霉、酵母等，这使得其不仅具有一般曲种的糖化功能，还能够起到发酵的作用。红曲的应用主要是黄酒酿造。

麦曲：是应用较为广泛的曲种。在黄酒的制作过程中，添加麦曲后，不仅起到糖化作用，还能为成品增加独特的香气和成色。所以，黄酒有着与众不同的曲香和让人回味的醇厚酒味。麦曲含有的微生物种类有黄曲霉、毛霉、酵母、米曲霉、根霉等。

麸曲：是制作麸曲白酒所需要接种的酒曲，发挥的主要作用是糖化。它的酿酒原料是麸皮，接种培养的菌种是霉菌。

三、食材功能

食用功能

酒曲具有糖化发酵功能，制曲过程中扩大培养酿酒微生物，而它们的相应代谢产物可将谷物中的淀粉糖化发酵，转化成乙醇及微量香味。

医学作用

保健作用：在制作酒曲的原料中，加入数十种有益身心且不同功效的中草药，多种中草药的有效成分被酒曲菌体充分吸收，促进了药物有效成分的溶出，常用来制作具有保健和医疗功效的保健酒。

四、加工及使用方法

加工

大曲的制备原料有豌豆、大麦、小麦等，它的加工流程是将小麦湿润后堆在一起，然后用工具将其磨碎后加入水进行搅拌，再将搅拌后的混合物装在曲模里，放在适宜温度和湿度的培养室里培养，一段时间后，将培养好的曲取出，处理后贮藏。

酒曲丸子

小曲的制备原料是米粉或者米糠，在制作过程中也可以加入些中草药来促进微生物生长和丰富酒香的层次。它的加工流程为将水、米粉、陈药酒和辣蓼草末加在一起进行充分混匀，然后打实、切块，进行接种放入缸内，人工控制温度，初步培养完成后入匾、换匾、并匾，最后装箩晒干。

曲母的制备原料是红曲，红酒糟是曲母的别称。它的加工流程是将洗好的米蒸熟后摊开，加入曲种进行搅拌，然后放入适宜温度和湿度的培养室里培养，一段时间后，取出平摊，再次浸曲，然后翻拌，再喷两次水，将其取出，晒干，储藏。

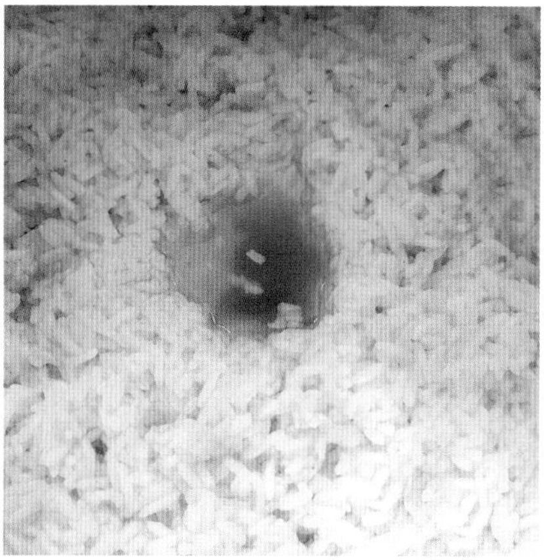

酒　酿

使用方法

（1）白酒种类繁多，高温曲大多应用于酱香型白酒，低温曲应用于浓香型白酒，麸曲（中温曲）应用于清香型白酒，窝窝头曲应用于米酒等。根据酒的品类需要，按最佳比例使用不同的曲，使酒具有不同的风味。

（2）酒曲还可以用作鱼饵，用酒曲发酵即可制成，操作方便简单。而且用酒曲制作的鱼饵酒香浓郁，易扩散，特别容易诱到鱼儿，所以钓鱼爱好者都十分喜欢酒曲。

五、食用注意

（1）《中华人民共和国轻工行业标准　甜酒曲》（QB/T 4577—2013）规定，可使用的甜酒曲需要具备特有的曲香，不能有可见性杂质，其中总砷和铅含量不能大于0.5毫克/千克，其中对颜色的规定是乳白至浅黄都可以。

（2）温度特别容易影响酒曲的质量，当发酵的温度过高时，会破坏酒曲的成分，发生变质现象，从而导致出酒率大大降低。

传说故事

很久很久之前，有一个古镇坐落在古汴河和淮河之间，名叫双沟镇。镇上有一家糟坊，主人姓倪，精通酿酒技术，根据祖传绝技，先制曲后酿酒，酿出的酒又香又甜，方圆百里的酒肆商贾都是这里的常客，就连丛林中的野兽也经常来偷酒喝。

有天夜里，山林里有只食人大兽黑猩魔来这里偷酒，喝到醉醺醺就在糟坊里四处乱窜，几位正在踩曲的少女就这么被它吃掉，从此就没有少女敢来踩曲，再也酿不出美酒。

每到夜间，倪酒公就失声痛哭，啼哭声飘到天宫，七位仙女很好奇，就装作少女来到小镇询问情况。倪酒公把事情讲了一遍，仙女说："既然少女不敢来踩曲，那就叫男子踩吧。"倪酒公说："那可不行，踩曲必须是未婚少女，其他任何人都踩不成好曲。"仙女们忙说："那我们给你踩吧！"

这时候，天色未亮，七位仙女按照倪酒公的指点，挽起裤管光着脚板，踩一阵，唱一阵，不知不觉就踩出一块块好曲，还散发出淡淡的清香。

倪酒公正看得高兴，忽然外边发出吓人的嚎叫声，只见黑猩魔向踩曲房窜去，扑向踩曲的仙女。仙女不紧不慢，手指轻点，黑猩魔就变成一个大大的黑酒瓮。

七位仙女告诉倪酒公："黑猩魔已除掉，以后你就放心地让少女来踩曲吧！"说罢，便飘逸回宫了。

倪酒公又重新招来少女踩曲酿酒，这些曲比以前更好，酿的酒比以前更美。自打这以后，仙女踩曲的故事就传开了。

参考文献

[1] XU W. Study on the Liquid Fermentation to Produce Monascus Pigment with Corn Starch and Antibacteria [J]. Advanced Materials Research, 2011, 1154 (183-185): 1336-1340.

[2] 刘万里. 响应面优化超声辅助提取甜菜红色素及稳定性研究 [J]. 中国食品添加剂, 2016 (10): 90-96.

[3] 展俊岭, 高子怡, 皇甫阳鑫, 等. 红花黄色素提取工艺研究进展 [J]. 山东化工, 2017, 46 (18): 67+75.

[4] 王超雪, 陈瑞战, 陆娟, 等. 黑枸杞花青素不同提取工艺及抗氧化活性 [J]. 食品工业, 2020, 41 (6): 24-28.

[5] 邱兰丽, 颜梓一, 贺延苓, 等. 原花青素抗癌的生物学机制研究进展 [J]. 药物生物技术, 2020, 27 (2): 173-176.

[6] 王欣, 郭琦, 黄远芬, 等. 食用/工业明胶的凝胶及LF-NMR弛豫特性的比较 [J]. 分析测试学报, 2018, 37 (1): 62-69.

[7] 林秋甘, 林国彬, 杨光义. 鱼鳔的研究进展 [J]. 西北药学杂志, 2019, 34 (5): 709-712.

[8] ZAHRA DOLATKHAH, SHAHRZAD JAVANSHIR, AYOOB BAZGIR. Isinglass-palladium as collagen peptide-metal complex: a highly efficient heterogeneous biocatalyst for Suzuki cross-coupling reaction in water [J]. Journal of the Iranian Chemical Society, 2019, 16 (7): 1473-1481.

[9] 吴志全, 王延鑫, 陈瑞钢, 等. 银杏叶提取物治疗肾脏疾病的研究进展 [J]. 现代中西医结合杂志, 2020, 29 (17): 1935-1938.

[10] 谷政伟. 银杏叶黄酮实验室提取技术进展 [J]. 食品安全导刊, 2020

（15）：140-142.
［11］ 杜成涛. 银杏叶资源化的开发利用［J］. 现代园艺，2020，43（7）：48-49.
［12］ 罗珂，张佳丽，雷家珩，等. 银杏双黄酮高效液相色谱定量分析方法研究［J］. 化学试剂，2020，42（1）：58-61.
［13］ 谢晨红，刘俊秋，开国银. 银杏叶正丁醇部位化学成分及其抗氧化活性研究［J］. 浙江中医药大学学报，2019，43（10）：1114-1118+1137.
［14］ 马艳粉，杨新周，田素梅. 迷迭香的应用现状和将来的研究方向［J］. 南方园艺，2019，30（4）：56-59.
［15］ 汪镇朝，张海燕，邓锦松，等. 迷迭香的化学成分及其药理作用研究进展［J］. 中国实验方剂学杂志，2019，25（24）：211-218.
［16］ 龚玉琼，夏鸿，钟国清，等. 饲料添加剂——柠檬酸铜螯合物的微波固相合成［J］. 中国饲料，2016（8）：22-24.
［17］ 刘伟，冯浩，刘磊，等. 缺血性卒中血清叶酸水平与早期神经功能恶化的相关性研究［J］. 中国卒中杂志，2020，15（5）：527-531.
［18］ 赵盛楠. 叶酸及多种维生素的补充对妊娠期高血压孕妇的影响研究［J］. 继续医学教育，2020，34（1）：139-140.
［19］ 张烁. 苹果酸对水稻镉离子吸收转运特性的影响［D］. 哈尔滨：东北农业大学，2018.
［20］ 赵鹤然，安家彦. 分光光度仪在测量苹果酸含量方面的应用［J］. 设备管理与维修，2018（Z1）：25-26.
［21］ 杨建平，陈鲜鑫，刘星. HPLC测定混合型饲料添加剂中L-苹果酸含量［J］. 饲料工业，2018，39（2）：61-64.
［22］ 许艳俊，郝林. 苹果醋酿造过程中苹果酸含量的变化规律［J］. 中国调味品，2017，42（12）：54-57.
［23］ 张琴，张淑琼，江虹. 可见吸收光谱法测定苹果中的苹果酸［J］. 化学研究与应用，2017，29（11）：1719-1722.
［24］ 佚名. 关于亚硝酸盐的科学解读［N］. 中国食品安全报，2016-08-30.
［25］ 肖清燕. 紫外分光光度法测定食品添加剂三聚磷酸钠中亚硝酸盐和硝酸盐的含量［J］. 中国调味品，2016，41（3）：125-127.
［26］ 牛桂芬，付苗苗. 分光光度法测定香肠中亚硝酸盐含量分析［J］. 食品研究与开发，2015，36（7）：100-101.
［27］ AHAMADABADI M，SAEIDI M，RAHDAR S，et al. Amount of baking soda and salt in the bread baked in city of Zabol［J］. Iioab Journal，2016，7：518-522.
［28］ 钟小庆，颜远义，阮勇军. 漂白粉及其在水产养殖中的应用［J］. 渔业致富指南，2019，510（6）：48-49.

［29］ 王静松．活性炭纤维在吸附领域的研究进展［J］．化工管理，2020，556（13）：95–96.

［30］ 孙达锋，朱昌玲，丁振中．羧甲基甲壳素的制备工艺研究［J］．中国野生植物资源，2017，36（2）：82–84.

［31］ 管磬馨，何静怡，胡文忠，等．茶多酚在食品保鲜应用的研究进展［J］．现代园艺，2019（9）：3–4＋8.

［32］ 黄兴雨，杨黎燕，尤静．薄荷挥发油研究进展［J］．化工科技，2019，27（3）：70–74.

［33］ 李翠芳，张钊，王才立，等．大豆分离蛋白在面包中的应用研究［J］．大豆科技，2020（1）：21–27.

［34］ 王静琳，汪燕，马振刚．综述蜂蜡的应用［J］．蜜蜂杂志，2019，39（12），9–12.

［35］ 王瑞娟，万佳宁，龚明，等．改良石蜡切片法观察金针菇子实体不同发育时期组织结构［J］．食用菌学报，2019，26（2）：54–58+9–10.

［36］ 刘杰，周浩，黄郁芳，等．大豆分离蛋白/琼脂糖复合水凝胶［J］．高等学校化学学报，2018，39（3）：591–597.

［37］ 彭彰智，孙志强，王京法，等．酸角软糖的制作工艺研究［J］．食品与营养科学，2018，7（3）：195–203.

［38］ 周锦枫，吴磊燕，钟雅云，等．三种甘油酯对冷冻面团及其面包品质的对比分析［J］．现代食品科技，2020，36（3）：38–47+112.

［39］ 王君，乔翼娇，胡文．可食性壳聚糖膜的制备及功能特性研究［J］．包装与食品机械，2019，37（4）：15–18+63.

［40］ 任瑞晨，赵靖雨，李彩霞，等．柱撑改性蒙脱石吸附脱色海盐卤水试验研究［J］．非金属矿，2018，41（1）：1–4.

［41］ 钟正．食品添加剂明矾生产新工艺探索［J］．化工管理，2015（23）：209.

［42］ 庞敏，蔡松铃，刘茜．葡萄酒中有机酸及其分析方法的研究进展［J］．食品安全质量检测学报，2019，10（6）：1588–1593.

［43］ 刘莹莹．高产蛋白酶毛霉菌株的筛选及直装腐乳发酵技术的研究［D］．哈尔滨：哈尔滨商业大学．2014.

［44］ 郦金龙，师雨梦，滕超，等．老面中乳酸菌产酸性能优化及对馒头品质的影响［J］．中国食品学报，2018，18（5）：106–114.

［45］ 杜鑫，郭启鹏，许译文，等．生原料细菌复合生熟两用酒曲用于酿制酱味米酒的试验［J］．酿酒科技，2019（10）：57–60.

［46］ 卢福芝，钱丰，周燕霞，等．米酒酒曲中优势霉菌和酵母菌发酵特性的研究［J］．食品研究与开发，2018，39（23）：169–173.